解 读 地 球 密 码

丛书主编 孔庆友

人 类 家 园

地 球

Earth

The Home of Human

本书主编 左晓敏 杨 勇

山东科学技术出版社
·济南·

图书在版编目（CIP）数据

人类家园——地球 / 左晓敏，杨勇主编 . -- 济南：山东科学技术出版社，2016.6（2023.4 重印）
（解读地球密码）
ISBN 978-7-5331-8340-0

Ⅰ . ①人… Ⅱ . ①左… ②杨… Ⅲ . ①地球 – 普及读物 Ⅳ . ① P183-49

中国版本图书馆 CIP 数据核字 (2016) 第 141385 号

丛书主编 孔庆友
本书主编 左晓敏 杨 勇

人类家园——地球
RENLEI JIAYUAN——DIQIU

责任编辑：赵 旭
装帧设计：魏 然

主管单位：山东出版传媒股份有限公司
出 版 者：山东科学技术出版社
地址：济南市市中区舜耕路 517 号
邮编：250003 电话：（0531）82098088
网址：www.lkj.com.cn
电子邮件：sdkj@sdcbcm.com
发 行 者：山东科学技术出版社
地址：济南市市中区舜耕路 517 号
邮编：250003 电话：（0531）82098067
印 刷 者：三河市嵩川印刷有限公司
地址：三河市杨庄镇肖庄子
邮编：065200 电话：（0316）3650395

规格：16 开（185 mm×240 mm）
印张：8 字数：144 千
版次：2016 年 6 月第 1 版 印次：2023 年 4 月第 4 次印刷
定价：35.00 元

审图号：GS（2017）1091 号

普及地质科学知识

提高民族科学素质

李廷栋

2016年元月

传播地学知识，弘扬科学精神，
践行绿色发展观，为建设
美好地球村而努力。

翟裕生
2015年10月

贺　词

　　自然资源、自然环境、自然灾害，这些人类面临的重大课题都与地学密切相关，山东同仁编著的《解读地球密码》科普丛书以地学原理和地质事实科学、真实、通俗地回答了公众关心的问题。相信其出版对于普及地学知识，提高全民科学素质，具有重大意义，并将促进我国地学科普事业的发展。

国土资源部总工程师

　　编辑出版《解读地球密码》科普丛书，举行业之力，集众家之言，解地球之理，展齐鲁之貌，结地学之果，蔚为大观，实为壮举，必将广布社会，流传长远。人类只有一个地球，只有认识地球、热爱地球，才能保护地球、珍惜地球，使人地合一、时空长存、宇宙永昌、乾坤安宁。

山东省国土资源厅副厅长

编著者寄语

★ 地学是关于地球科学的学问。它是数、理、化、天、地、生、农、工、医九大学科之一，既是一门基础科学，也是一门应用科学。

★ 地球是我们的生存之地、衣食之源。地学与人类的生产生活和经济社会可持续发展紧密相连。

★ 以地学理论说清道理，以地质现象揭秘释惑，以地学领域广采博引，是本丛书最大的特色。

★ 普及地球科学知识，提高全民科学素质，突出科学性、知识性和趣味性，是编著者的应尽责任和共同愿望。

★ 本丛书参考了大量资料和网络信息，得到了诸作者、有关网站和单位的热情帮助和鼎力支持，在此一并表示由衷谢意！

科学指导

李廷栋 中国科学院院士、著名地质学家
翟裕生 中国科学院院士、著名矿床学家

编著委员会

目 录
CONTENTS

地球的诞生

宇宙的起源/2

我们赖以生存的地球以及其之外的空间，是一个广阔无垠的星星世界，我们称之为"宇宙"。宇宙是由空间、时间、物质和能量所构成的统一体，它不依赖于人的意志而客观存在，并处于不断运动和进化中。

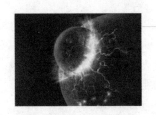

太阳系的形成/5

太阳系的成因尚属探讨中的问题。关于太阳系的成因，至今至少有几十种不同的假说。其中重要的有两种：灾变说和星云说。

地球的形成/7

行星地球起源于原始太阳星云。由于陨石等物质的轰击、放射性衰变致热和原始地球的重力收缩，地球的温度不断升高，其内部物质成为黏稠的熔融状态，这时，在重力作用下，地球的内部物质开始分异。

Part 2 地球的画像

地球的形状与大小/14

地球的形状通常是指大地水准面所圈闭的形状。地球并非标准的旋转椭球体，其南半球略粗、短，南极向内下凹约30 m；北半球略细长，北极约向上凸出10 m。因此有人形象地喻之为梨形球体。

地球的表面形态/15

地球表面分为海洋和陆地两大部分，在地球的总面积中，海洋占70.8%，陆地只占29.2%。地球上的陆地并不是一个整体，而是被海水分隔成一些分离的陆块。

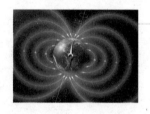

地球的物理场/19

各种地球物理方法在地表或地表附近测量的各种物理现象的信息统称为地球物理场的信息。地球上天然存在的物理场主要包括地球重力场、地磁场、地电场、地温场。

Part 3 地球的运动

地球的自转/24

地球不停地绕着自转轴自西向东做旋转运动，称为地球的自转运动。地球的自转轴简称为地轴，它是通过地心和地球南、北极的假想轴，与地球的赤道面相垂直，其北端始终指向北极星附近。

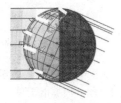

地球的公转/28

　　地球环绕太阳的运动称为地球公转。严格地说，地球公转不是地球单方面的运动，而是地球和太阳同时环绕它们的共同质心运动，由于太阳和地球的质量非常悬殊，所以共同质心十分接近太阳中心。

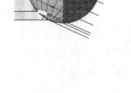

岩石圈的运动/34

　　地球内力作用引起地壳乃至岩石圈的变形、变位及洋底的增生、消亡的机械作用和相伴随的地震活动，称为岩石圈的运动，又叫构造运动。

Part 4　地球的结构

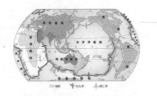

外部结构/39

　　从地表以上到地球大气的边界部位统称为地球的外部。地球的外部是由多种物质组成的综合体。它经历了漫长的地质演化，现已形成了分布有序、物质构成有别的外部圈层。地球的外部圈层可分为大气圈、水圈和生物圈。

内部结构/48

　　地球的内部构造可以以莫霍面和古登堡面为界划分为地壳、地幔和地核三个主要圈层。

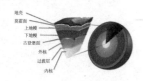

Part 5 地球的物质组成

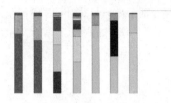

元素/53

    元素是质子数相同的一类原子的总称。根据俄国科学家门捷列夫的元素周期表，组成地球的天然物质主要有92种元素，它们在地球各圈层相互作用的过程中不断地迁移和重新组合。

矿物/54

    矿物是地壳中天然形成的单质或化合物，它具有一定的化学成分和内部结构，因而具有一定的物理、化学性质及外部形态，是组成岩石和矿石的基本单元。

岩石/61

    岩石是天然形成的、由固体矿物或岩屑组成的集合体。它构成了地壳及上地幔的固态部分，是地质作用的产物。

Part 6 地球上的生命

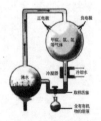

生命的起源/70

    关于生命的起源，历史上出现过很多的假说，为大众所接受的是化学起源说，这一假说认为地球上的生命是在地球温度逐步下降以后，在极其漫长的时间内，由非生命物质经过极其复杂的化学过程，一步一步地演变而成的。

生物的进化/71

　　地球上的各种生物，都是经过漫长的年代逐渐进化而来的，在研究生物进化的过程中，化石是非常重要的证据。

人类的起源和进化/75

　　人类起源和进化问题需从两方面来认识：一是人类是由什么动物进化而来的。这一问题基本上有了结论，即人类是由古猿进化来的。二是人类的祖先究竟出现在哪个地方。对于现代人的起源，目前很多科学家支持"非洲起源说"。

Part 7　地球的能量

地球的内能和外能/79

　　来源于地球内部的能量我们称之内能，地球的内能包括热能、重力能、旋转能、此外尚有结晶能与化学能。来源于地球外部的能量称为外能，地球的外能主要是太阳辐射能、日月引力能和生物能。

地质作用/80

　　由地球内能和外能引起的地壳或岩石圈的物质组成、内部结构、构造和地表形态变化与发展的各种作用，称为地质作用。地质作用可根据能量来源和发生部位分为内动力地质作用和外动力地质作用两大类。

Part 8 地球的资源

土地资源/86

土地资源是地球陆地的表面部分，包括耕地、森林、草原、沙漠等。土地是生命成长的温床。

水资源/89

水是生命之源。不仅如此，水还是一种极其重要的自然资源。它哺育了众多古老的人类文明，同时也是现代工业文明不可或缺的血液。

气候资源/91

气候资源是指广泛存在于大气圈中的光照、热量、降水、风能等可以为人们直接或间接利用，能够形成财富，具有使用价值的自然物质和能量，是一种十分宝贵的可以再生的自然资源。

矿产资源/92

矿产资源是指赋存于地下或地表，由地质作用形成的，呈固态、液态或气态的，具有现实或经济价值的天然富集物。

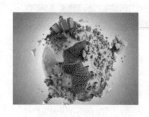

能源资源/95

能源资源是指为人类提供能量的天然物质。它包括前述的能源矿产、水能，也包括太阳能、风能、生物质能、地热能、海洋能、核能等新能源。能源资源是一种综合的自然资源。

生物资源/97

生物资源是自然资源的有机组成部分，是指生物圈中对人类具有一定经济价值的动物、植物、微生物有机体以及由它们所组成的生物群落。

Part 9 珍爱地球

地球的伤痕/100

20世纪80年代以来，随着经济的发展，具有全球性影响的环境问题日益突出。不仅发生了区域性的环境污染与生态破坏，还出现了诸如温室效应、酸雨等大范围和全球性环境危机，严重威胁着人类的生存与发展。

呵护地球/108

人类只有合理、高效、有限度地利用自然资源，自觉、有效地保护自然环境，协调改善与地球表层环境的关系，才能保证人类社会持续、健康地发展。

参考文献/111

地学知识窗

宇宙背景辐射/4　地质年代/8　月球的起源/12　重力/20　地磁偏角/21　地球之最/22　月食、日食/29　极昼和极夜/33　大陆漂移学说、海底扩张学说/37　厄尔尼诺现象、拉尼娜现象/45　物种/46　元素丰度/53　矿物的压电性/56　三大岩类的转换/68　原核细胞、真核细胞/72　五次生物大灭绝/77　地震/82　湿地——地球之肾/87　积温/91　赤潮/107　世界地球日/110

地球的诞生

地球是宇宙中的一颗行星，它是太阳系八大行星之一，按离太阳由近及远的顺序排为第三颗，它还有一个天然的卫星——月球，同时，它是目前宇宙中已知存在生命的唯一天体。千百年来人们一直探索着地球的起源。

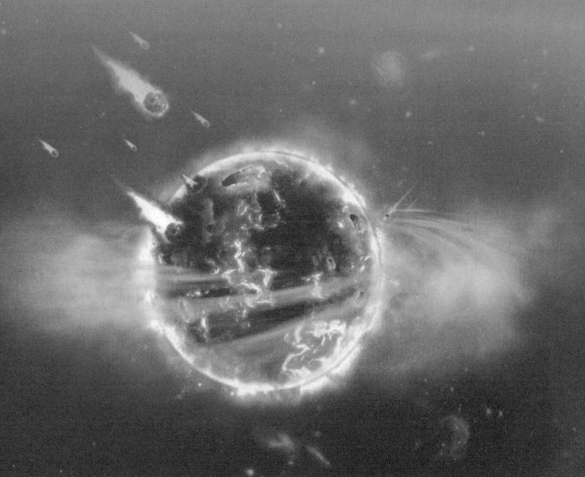

宇宙的起源

生物生活的地球与其之外广阔无垠的星星世界，我们统称为宇宙。宇宙是由空间、时间、物质和能量所构成的统一体，它不依赖于人的意志而客观存在，并处于不断的运动和演化中。

关于宇宙的起源，在中国有盘古开天辟地的传说，在西方有上帝创造世界的神话。天文学发展史上提出了各种各样的宇宙模型假说。目前，比较有影响力的宇宙模型主要有两种：稳态理论和大爆炸理论。

稳态理论 由托马斯·戈尔德、赫尔曼·邦迪及弗雷德·霍伊尔在1948年提出，他们认为宇宙在膨胀的同时，物质也正以恰当的速度不断创生着，这一创生速度刚好与因膨胀而使物质变稀的效果相平衡，从而使宇宙中的物质密度维持不变。稳态理论认为，宇宙在任何时候，平均来说始终保持相同的状态，并且物质的创生速率很小，每100亿年中，在1立方米的体积内，大约创生1个原子。稳态理论的优点之一是它的明确性，它非常肯定地预言宇宙应该是什么样子的 。也正因如此，它很容易遭受观测事实的质疑和反驳。当宇宙背景辐射被发现后，这一理论基本上就被否定了。

大爆炸理论 1929 年，美国天文学

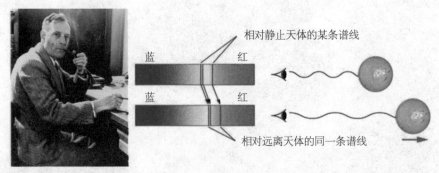

相对静止天体的某条谱线

蓝　　　红

蓝　　　红

相对远离天体的同一条谱线

图1-1　哈勃和他提出的哈勃定律原理

家哈勃在仔细研究了一批星系的光谱之后发现，除个别例外，绝大多数星系的光谱都表现出红移。直接的推论就是：宇宙中所有的星系都在彼此远离，即宇宙处于普遍的膨胀之中！这一推论意味着如果星系目前正在彼此远离，那它们过去必定靠得更近，必定有一个有限的时刻，那时宇宙中的物质被压缩为极其高密状态。那一时刻通常被称为"大爆炸"，也就是宇宙的开端（图1-1）。

1932年，比利时勒梅特首次提出了宇宙大爆炸假说。他认为最初宇宙的物质源于一个超原子的"宇宙蛋"，在一次大爆炸中"宇宙蛋"分裂成无数碎片，形成了今天的宇宙。

1948年前后，乔治·伽莫夫（图1-2）与他的两个学生——拉尔夫·阿尔菲和罗伯特·赫尔曼，将相对论引入宇宙学，提出了热大爆炸宇宙学模型。热大爆炸宇宙学模型认为，宇宙最初开始于高温高密的原始物质，温度超过几十亿摄氏度；爆炸之初，物质只能以中子、质子、电子、光子和中微子等基本粒子形态存在；宇宙爆炸之后不断膨胀，导致温度和密度很快下降，随着温度降低、冷却，逐步形成原子、原子核、分子，并复合成为气体，气体逐渐凝聚成星云，星云进一步形成各种各样的恒星和星系，最终形成我们如今所看到的宇宙（图1-3）。他们还预言了宇宙微波背景辐射的存在。

1964年，美国工程师彭齐亚斯和威尔逊探测到的宇宙微波背景辐射是支持大爆炸确实曾经发生的重要证据。

1989年，美国国家宇航局向太空中发射了宇宙背景探索号（COBE）卫星，用于研究宇宙背景射线。卫星上携带的敏感探测器只花费了8分钟的时间就验证了彭齐亚斯和威尔逊的研究成果（图1-4）。这项为世界所公认的天文学上最伟大的发现，直接地证明了大爆炸理论。

另外，当前所观测到的宇宙中轻元素的丰度值与理论所预言的宇宙早期快速膨胀并冷却过程中最初的几分钟内，通过核

图1-2 乔治·伽莫夫

反应所形成的这些元素的理论丰度值非常接近，这对大爆炸模型是一个有力的支持。

红移现象、宇宙背景射线以及轻元素的丰度的发现给大爆炸理论以有力的支持。因此，现在大爆炸理论广泛地为人们所接受。但是，大爆炸宇宙学还存在不少未解决的难题，它目前只能被认为是一种假说。

△ 图1-3 我们的宇宙可能起源于某个高温高密度的原始物质的大爆炸

△ 图1-4 根据威尔逊波各向异性探测器对宇宙微波背景辐射的观测绘制的图像

——地学知识窗——

宇宙背景辐射

宇宙背景辐射是来自宇宙空间背景上的各向同性或者黑体形式和各向异性的微波辐射，也称为微波背景辐射。其特征是和绝对温标2.725K的黑体辐射相同，频率属于微波范围。

太阳系的形成

太阳系（图1-5）的成因目前尚属探讨中的问题。关于太阳系的成因，迄今至少有几十种不同的假说。其中重要的有以下两种：

灾变说 盛行于20世纪上半叶，它认为太阳系大体是在一次突然的剧变中产生的，太阳先于行星和卫星形成。灾变说的共同特点都是把太阳系的起源问题归因于某种极其偶然的事件，因此缺少充分的科学依据，现在基本上已被否定。

星云说 这是关于太阳系起源于原始星云团的各种假说的总称。这些星云假说可分为两类：一类假说认为太阳系内所有天体都是由同一团原始星云形成的，原始星云团的中间部分物质形成太阳星体，外围星云物质形成行星、卫星等小天体，此类假说也被称为共同形成说；另一类假说认为原始星云团只先形成太阳星体，然后

水星 金星 地球 火星 木星 土星 天王星 海王星 ——行星

太阳 谷神星 冥王星 阋神星 ——矮行星

图1-5 太阳系的组成

由太阳从恒星际空间俘获弥漫物质形成原始行星云，再由原始行星云形成行星与卫星。星云说是近现代天文自然科学中最具影响力的太阳系起源学说。

第一个在科学上产生巨大影响的星云说是"康德—拉普拉斯星云说"。该学说分别由德国哲学家康德（1755年）及法国数学家拉普拉斯（1796年）独立提出，他们都能从科学的角度来说明太阳系的一些主要特征，并且都认为太阳系是由一团星云物质通过万有引力等自然规律作用而收缩形成的，先形成的是太阳，然后剩余的星云物质进一步收缩形成行星。

由于康德与拉普拉斯的星云假说没有解释太阳和行星之间角动量的分配问题，到了19世纪末，人们开始寻找太阳系以外的原因，于是又出现了俘获假说。俘获假说由俄国学者施密特于1946年提出。他认为，旋转着的太阳在穿过一片暗星云时，便俘获了一部分气尘物质绕其旋转，它们相互聚集和碰撞，使各个方向的轨道逐渐平均化而趋于同一轨道平面，并按密度大小聚成行星和卫星；行星占有的大的角动量是原来的暗星云给的，而不是太阳给的。他是这样来解决角动量的分配的，但仍然存在着问题。实际上，当太阳比暗星云的角动量小得多的时候，不

可能发生俘获。

随着天文地质学的发展，人们对太阳系的天体的成分、结构、构造等方面进行了深入的研究，对星云假说进行了不断的修正，至今发展成了一个被当今科学界广泛接受的磁耦合假说（图1-6）。

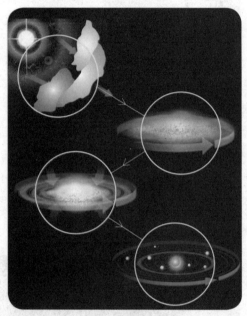

▲ 图1-6　太阳系形成的磁耦合假说

该假说是英国天文学家E.霍伊尔和法国天文学家E.沙兹曼在20世纪60年代提出的，他们从电磁作用的机制来研究太阳系的起源问题，认为太阳系开始时是一团凝缩的星云，温度并不高，转动并不快，但转动速度因急剧收缩而加快，当这团星云的半径收缩到一定的程度，它的转动

就达到不稳定的状态，两极渐扁，赤道突出，物质终于由此处抛出，形成一个圆盘。圆盘的质量只有太阳的1/100。当中心体与圆盘脱离后，中心体继续收缩，不再分裂，最后形成太阳。圆盘内物质则相互凝聚成了行星。星际空间存在着很强的磁场，太阳的热核反应发出电磁辐射，使周围的气体云盘成为等离子体在磁场内转动，当太阳与圆盘脱离时，太阳与圆盘内缘就发生了电磁流体力学作用而产生一种磁致力矩，从而使太阳的角动量转移到圆盘上。由于角动量的增加，圆盘向外扩展，太阳不断收缩。因失去了角动量，太阳自转速度减慢。因为太阳辐射作用产生的太阳风推开了轻的物质，聚集成类木行星（木星、土星、天王星以及海王星），较重的物质未能推走便在太阳附近聚集成为类地行星（水星、金星、地球、火星）。这是一个比较令人满意的假说，然而也存在着很多问题有待进一步解决。

地球的形成

地球作为一个行星起源于原始太阳星云。地球在刚形成时，温度比较低（至于原始的地球到底是高温的还是低温的，现代研究的结果比较倾向于地球低温起源学说）且无分层结构，后来由于陨石等物质的轰击（图1-7）、放射性衰变致热和原始地球的重力收缩，使得地球的温度逐渐升高，其内部物质成为黏稠的熔融状态。在炽热的火球旋转和重力作用下，地球内部的物质开始分异。较重的物

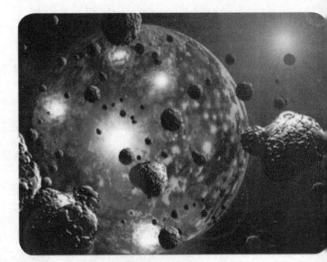

▲ 图1-7 原始地球受到陨石的轰击

质渐渐地聚集到地球的中心部位，形成地核；较轻的物质则悬浮于地球的表层，形成地壳；介于两者之间的物质则构成了地幔。这样就具备了所谓的层圈结构。

地球演化早期，原始大气逃逸，陨石轰击事件使得地球表面温度升高，岩石中的挥发性物质分离出来形成了现今大气圈的雏形，另外，地球的排气活动（如火山喷发）又使得大气圈有了水和二氧化碳。同时，陨石的撞击使得陨石和地球上岩石中大量的结晶水汽化，后来随着陨石轰击事件的减少，地表温度逐渐下降，气态水经过凝结，通过降雨重新落到地面，最终形成水圈。

地球到底形成于什么时间？同位素测年技术的出现为解决地球和地壳的形成年龄提供了方法。人们对地球表面最古老的岩石进行年龄测定，获得了地球形成年龄的下限值为40亿年左右。另外，人们通过对地球上所发现的各种陨石的年龄测定，惊奇地发现各种陨石都具有相同的年龄——大致为46亿年。从太阳系内天体形成的统一性考虑，可以认为地球的年龄应与陨石相同。另外，取自月球表面的岩石的年龄测定结果显示，月球上岩石的年龄值一般为31亿～46亿年，这又进一步为地球的年龄提供了佐证。因此，我们一般认为地球的形成年龄约为46亿年。

地球以其地壳出现作为界线，地壳出现之前称为天文时期，地壳出现之后则进入地质时期。地质学家通过对全球各地的地层进行对比研究，发现地层的生物组合特征、岩性特征等均表现出明显的自然阶段性，这种自然阶段性是全球统一的。以此为依据，结合同位素地质年龄测定，对漫长的地质历史进行了系统性的编年和划分，制定出一个在全球范围内能普遍参照对比的年代表，即地质年代表（表1-1）。

——地学知识窗——

地质年代

地球上各种地质事件发生的时代称为地质年代。它包含两方面含义：一是指各地质事件发生的先后顺序，称为相对地质年代，通常依靠地层层序律、化石层序律和地质体之间的切割律三条准则来确定岩石的相对地质年代；二是指各地质事件发生的距今年龄，由于主要是运用同位素技术，又称为同位素地质年龄。

表1-1

中国区域年代地层表

宙（宇）	代（界）	纪（系）	世（统）	年龄（Ma）	构造阶段与地壳运动	生物进化 动物	生物进化 植物
显生宙（PH）	新生代（Kz）	第四纪（Q）	全新世		喜马拉雅阶段	人类出现	被子植物繁盛
			更新世	—2.588—			
		新近纪（N）	上新世				
			中新世	—23.03—	联合古陆解体阶段	哺乳动物繁盛	
		古近纪（E）	渐新世				
			始新世				
			古新世	—65.5—			
	中生代（Mz）	白垩纪（K）	晚白垩世				裸子植物繁盛
			早白垩世	—145—	燕山阶段	爬行动物繁盛	
		侏罗纪（J）	晚侏罗世				
			中侏罗世				
			早侏罗世	—199.6—	印支阶段		
		三叠纪（T）	晚三叠世				
			中三叠世			无脊椎动物继续演化发展	
			早三叠世	—252.17—			
	古生代（Pz）	二叠纪（P）	晚二叠世		联合古陆形成阶段	两栖动物繁盛	蕨类植物繁盛
			中二叠世				
			早二叠世	—299—			
		石炭纪（C）	晚石炭世		海西阶段		
			早石炭世	—359.58—			
		泥盆纪（D）	晚泥盆世			鱼类繁盛	裸蕨植物繁盛
			中泥盆世				
			早泥盆世	—416—			

（续表）

宙（宇）	代（界）	纪（系）	世（统）	年龄（Ma）	大阶段	阶段	动物	植物
显生宙（PH）	古生代（Pz_1）	志留纪（S）	顶志留世		联合古陆形成	加里东阶段	海生无脊椎动物繁盛	藻类及菌类繁盛
			晚志留世					
			中志留世					
			早志留世	443.8				
		奥陶纪（O）	晚奥陶世					
			中奥陶世					
			早奥陶世	485.4				
		寒武纪（∈）	晚寒武世					
			中寒武世					
			早寒武世	541				
元古宙（PT）	新元古代（Pt_3）	震旦纪（Z）		635	地台形成阶段		硬壳动物繁盛	真核生物出现
		南华纪（Nh）		780			裸露动物繁盛	
		青白口纪（Qb）		1 000				
	中元古代（Pt_2）	蓟县纪（Jx）		1 600				
		长城系（Ch）		1 800				
	古元古代（Pt_1）	滹沱系（Ht）		2 300				
太古宙（AR）	新太古代（Ar_3）			2 500	陆核形成阶段		生命现象开始出现	原核生物出现
	中太古代（Ar_2）			2 800				
	古太古代（Ar_1）			3 200				
	始太古代（Ar_0）			3 600				
				4 000				
冥古宙（HD）				4 600	天文阶段			

注：表中震旦纪、青白口纪、蓟县纪、长城纪，只限于国内使用。

地质年代单位的划分是以生物界及无机界的演化阶段为依据的，这种阶段的延续时间常常在百万年、千万年甚至数亿年以上，并且常常是大的阶段中又套着小的阶段，小的阶段中又包含着更小的阶段。根据这种阶段的级次关系，地质年代表中划分出了相应的不同级别的地质年代单位，其中最主要的有宙、代、纪、世四级年代单位。

宙　宙是最大一级的地质年代单位，它往往反映了全球性的无机界与生物界的重大演化阶段，整个地质历史从老到新被分为冥古宙、太古宙、元古宙和显生宙四个宙，每个宙的演化时间均在5亿年以上。

代　代是次于宙的地质年代单位，它往往反映了全球性的无机界与生物界的明显演化阶段。每个代的演化时间均在5 000万年以上。

纪　纪是次于代的地质年代单位，它往往反映了全球性的生物界的明显变化及区域性的无机界演化阶段。每个纪的演化时间在200万年以上。

世　世是次于纪的地质年代单位，它往往反映了生物界中科、属的一定变化。每个纪一般分为早、中、晚三个世或早、晚两个世。

年代地层的划分主要以古生物化石、地层形成的地质年代、顺序和穿过地层的地震波波速等为依据，把地层划分为不同类型、不同级别的单位。年代地层单位分为宇、界、系、统、阶、时带。

地质年代单位与年代地层单位是相对应的。地质年代单位的宙、代、纪、世、期、时，分别对应的年代地层单位是宇、界、系、统、阶、时带。宙、代、纪、世是国际性的地质年代单位，适用于全世界。期和时是区域性的地质年代单位，适用于大区域（表1-2）。

表1-2　　　　地史单位表

国际性			地方性
时间（年代）地层单位		地质（年代）时代单位	岩石地层单位
宇（Eonthem）		宙（Eon）	群（Group）
界（Erathem）		代（Era）	
系（System）		纪（Period）	组（Formation）
统（Series）	上（Upper）	世（Epoch） 晚（Late）	
	中（Middle）	中（Middle）	段（Member）
	下（Lower）	早（Early）	
阶（Stage）		期（Age）	层（Bed）
时带（Chronozone）		时（Chron）	

11

——地学知识窗——

月球的起源

月球是地球唯一的天然卫星。有关月球起源的假说，目前的主流观点是撞击成因说。在地球历史的早期阶段，一颗火星大小的行星倾斜着撞击到地球上。撞击摧毁了那颗行星，所形成的大部分碎块以及地球的部分碎块在地球周围形成了一个盘状带，盘状带中的碎块最终结合到一起成为月球。

地球的画像

据有幸飞上太空的宇航员介绍，他们在天际遨游时遥望地球，映入眼帘的是一个晶莹的球体，上面蓝色和白色的纹痕相互交错着，周围裹着一层薄薄的水蓝色"纱衣"。拨开这层"纱衣"，我们的地球又是什么样子的呢？

地球的形状与大小

地球表面崎岖不平，它的形状通常是指大地水准面所圈闭的形状。所谓大地水准面是指与平均海水面重合并延伸到大陆内部的封闭曲面。从古代的天圆地方到牛顿的旋转椭球体，人们对地球形状的认识越来越清晰。随着卫星上天，通过卫星轨道分析测算，人们发现地球并非一个标准的旋转椭球体，其南半球略粗短，南极向内下凹约30米；北半球略细长，北极向上凸出约10米（图2-1）。因此有人形象地把地球比喻成一个梨形球体（地球的主要数据，见表2-1）。

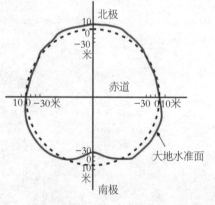

◀ 图2-1 地球的形状

表2-1 地球的主要数据

地球各组成要素	地球的主要数据表
地球赤道半径	6 378.137千米
地球赤道周长	40 075.7千米
地球表面积	约5.101亿平方千米（大陆面积约1.49亿平方千米；海洋面积约3.61亿平方千米）
黄赤交角	23° 26′
地球体积	约10 832亿立方千米
地球质量	约5.977×10^{24}千克
地球密度	5.517克/立方厘米
地球引力常量	1 g（9.8米/秒的二次方）
平均表面温度	22℃
最低表面温度	−89℃
最高表面温度	58℃
卫星数量	1

地球的表面形态

地球表面分为海洋和陆地两大部分。在地球的总面积中，海洋占70.8%，陆地只占29.2%。地球上的陆地并不是一个整体，而是被海水分隔成一些分离的陆块，其中大块陆块叫大陆，小块陆块叫岛屿，但两者之间没有绝对的标准（图2-2）。

地球表面起伏不平，这种高低起伏的自然形态和地物的错综结合，就形成了不同的地形。地球的地形可以分为"陆地地

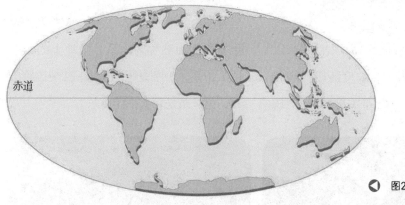

赤道

◀ 图2-2 世界海陆分布图

形"和"海底地形"。

陆地地形

人们根据高度和形态特征的差别，将陆地地形分为平原、高原、山地、丘陵、盆地五种基本类型。它们以不同的规模在各大陆上交互分布，共同构成陆地表面崎岖不平的外貌。

平原（Plain） 海拔在200米以下，宽广平坦或略有起伏的地区（图2-3）。世界上最大的平原是亚马孙平原，面积560万平方千米。

高原（Plateau） 通常是指海拔高度在1 000米以上，面积广大，地形开阔，周边以明显的陡坡为界，比较完整

▲ 图2-3 平原

▲ 图2-4 高原

的大面积隆起地区（图2-4）。世界上最高的高原是我国的青藏高原，平均海拔在4 000米以上。世界上最大的高原是巴西高原，面积达500万平方千米。

山地（Mountains） 海拔在500米以上的高地，起伏很大，坡度陡峻，沟谷幽深，一般多呈脉状分布（图2-5）。按

山的高度分，海拔在3 500米以上的称为高山，海拔在1 000～3 500米的称为中山，海拔低于1 000米的称为低山。线状延伸的山体称为山脉，成因上相联系的若干相邻的山脉称为山系。陆地上的两条巨大山系，一条是阿尔卑斯-喜马拉雅山系，另一条是环太平洋山系。

▲ 图2-5 山地

▲ 图2-6 丘陵

丘陵（Hills） 海拔在250米以上550米以下，相对高度一般不超过210米，高低起伏，坡度较缓，由连绵不断的低矮山

丘组成的地形（图2-6）。世界上最大的丘陵是位于哈萨克斯坦中部的哈萨克丘陵，亦称"哈萨克褶皱地。"

图2-7　皖南最大的油菜花盆地

盆地（Basin）　四周为山地或高原、中央低平的地区称为盆地。如图2-7所示为皖南最大的油菜花盆地，而世界上最大的盆地是刚果盆地，面积约337万平方千米。

海底地形

海水覆盖下的固体地球的表面形态与大陆上的一样复杂多样，海底有高耸的海山，起伏的海丘，绵延的海岭，深邃的海沟，也有坦荡的深海平原。根据海底地形的整体特征，整个海底可分为大陆边缘、大洋盆地和大洋中脊三大基本地貌单元，以及若干次一级的海底地貌单元（图2-8）。

大陆边缘（Continental margin）　指大陆与大洋盆地之间的过渡地带。由海岸向深海方向延伸，大陆边缘包括大陆架、大陆坡、大陆基，有时在大陆边缘还出现岛弧与海沟地形。

（1）大陆架（Continental shelf）是海与陆地接壤的浅海平台，其范围是由海岸线向外海延伸至海底坡度显著增大的转折处。大陆架部分的海底坡度平缓，一般

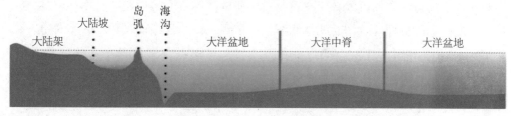

图2-8　海底地貌单元示意图

17

小于0.3°；平均约0.1°。其水深一般不超过200米，最深可达550米，平均为130米。大陆架的宽度差别很大，平均为75千米，欧亚大陆的北冰洋沿岸可达1 000千米以上。

（2）大陆坡（Continental slope）是指大陆架外侧坡度明显变陡的部分。其平均坡度为4.3°，最大坡度可达20°以上；水深一般200～2 000米；平均宽度为20～40千米。因此，大陆坡比大陆架更陡、更深、更窄。大陆坡上常发育有海底峡谷，峡谷的下切深度可以达数百米乃至千米以上，两壁陡峭，海底峡谷横切大陆坡，有些海底峡谷可切过整个大陆架与现代大河河口相接。

（3）大陆基（Continental rise）是大陆坡与大洋盆地之间的缓倾斜坡地。坡度通常为5′～35′，水深一般2 000～4 000米，展布宽度可达1 000千米。大陆基主要分布于大西洋和印度洋边缘，在海沟发育的太平洋边缘不发育。

（4）岛弧（Island arc）与海沟（Trench）岛弧是大洋边缘延伸距离很长、呈弧形展布的岛群。如在太平洋北部和西部边缘有阿留申、千岛、日本、琉球等群岛。海沟是大洋边缘的巨型带状深渊，其长度常达1 000千米以上，宽度近100千米，深度多在6千米以上。海沟常与岛弧平行伴生，发育在岛弧靠大洋一侧的边缘，与岛弧组成一个统一的海沟—岛弧系。海沟也可以与大陆海岸的弧形山脉相邻，这种情况可以看成是岛弧与大陆连接在一起的情形。

大陆边缘通常被分为两类。一类是由大陆架、大陆坡和大陆基组成，这类大陆边缘主要分布于大西洋，称为大西洋型大陆边缘；另一类是由大陆架、大陆坡和海沟组成，这类大陆边缘主要分布于太平洋，称为太平洋型大陆边缘。

大洋中脊（Mid-ocean ridge） 大洋中脊是绵延在大洋中部（或内部）的巨型海底山脉，它具有很强的构造活动性，经常发生地震和火山活动。大洋中脊在横剖面上一般呈较对称的中间高、两侧低的形态；中部通常高出深海底2 000～3 000米；其峰顶距海面一般2 000～3 000米（个别地点可露出海面，如冰岛）；宽度可达2 000～4 000千米。大洋中脊在各大洋中均有分布，且互相连接，全长近65 000千米，堪称全球规模最大的"山系"。大洋中脊轴部常有一条纵向延伸的裂隙状深谷，称中央裂谷。该裂谷一般宽数十千米，深可达1 000～2 000米。

大洋盆地（Ocean basin） 大洋盆地是介于大陆边缘与大洋中脊之间的较平坦

地带，平均水深4 000～5 000米。大洋盆地主要可分为深海丘陵和深海平原两类次级地形。深海丘陵为高度几十至几百米的海底山丘组成的起伏高地；深海平原是坡度很小（底部坡度小于1/1 000）的洋底平缓地形。此外，大洋盆地中常可见规模不大、地势比较突出的孤立高地，称为海山。顶部平坦的海山称为平顶海山，其成因一般认为是海山顶部接近海面时被海浪作用夷平而成。有些海山呈链状分布，延伸可达上千千米，称为海岭。海山顶部如露出海面以上即成为大洋中的岛屿。

地球的物理场

物理学中具有某种物理作用的空间，叫作"场"。在这个空间里可以测量到反映物理作用的物理量。每一种场都有对应的物理特性或物质属性。各种地球物理方法在地表或地表附近测量的各种物理现象的信息可以统称为地球物理场的信息。地球上天然存在的物理场主要包括地球重力

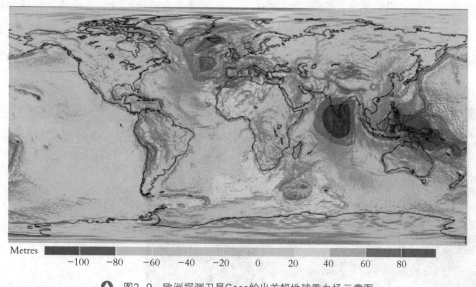

Metres   −100   −80   −60   −40   −20   0   20   40   60   80

▲ 图2-9 欧洲探测卫星Goce绘出首幅地球重力场示意图

场、地磁场、地电场及地温场。

地球重力场　地球内部（地心处除外）、表面及附近空间存在重力作用的范围称为地球重力场（图2-9）。由于地球内部质量分布的不规则性，致使地球重力场不是一个按简单规律变化的力场。但从总的方面看，地球非常接近于一个旋转椭球体，因此可将实际地球规则化，称为正常地球，同它相应的重力场称为正常重力场。地球重力场的非规则部分称为异常重力场。地球重力场中任一点的重力位与正常位之差值称为扰动位。扰动位是由于地球的质量分布和形状与平均地球椭球有所不同而引起的。与扰动位相应的有重力异常和扰动重力。

——地学知识窗——

重　力

物体由于地球的吸引而受到的力叫重力。重力的方向总是竖直向下。物体受到的重力的大小跟物体的质量成正比，计算公式是：$G=mg$；g为比例系数，$g=9.8$ N/kg。

地磁场　地球周围存在着磁场，称为地磁场（图2-10）。地磁北极在地理南极附近，地磁南极在地理北极附近。地磁场是矢量场，其分布范围广，从地核到空间磁层边缘处处有分布。地磁场包括基本磁场和变化磁场两部分。基本磁场是地磁场的主要部分，起源于地球内部，比较稳定，属于静磁场部分。变化磁场包括地磁场的各种短期变化，主要起源于地球外部，并且很微弱。地球变化磁场可分为平

图2-10　地磁场示意图

静变化和干扰变化两大类型。平静变化主要是以一个太阳日为周期的太阳静日变化，其场源（场源是太阳粒子辐射同地磁场相互作用在磁层和电离层中产生的各种短暂的电流体系）分布在电离层中。干扰变化包括磁暴、地磁亚暴、太阳扰日变化和地磁脉动等。地磁场屏蔽了宇宙射线（主要是太阳风暴）对地球的袭击，保护了地球生命的延续。另外，科学家们通过对海底熔岩的研究发现，地球的磁场曾经发生过多次翻转。

地电场 地球表面存在着天然的变化电场和稳定电场，称为地电场。天然的变化电场是由地球外部的各种电流系在地球内部感应产生的，分布于整个地表或广大地区，一般具有较小的梯度。天然的稳定电场主要是由矿体、地下水和各种水系产生的，分布于局部地区，一般具有较大的梯度。各种天然的全球性或区域性的变化电场（电流场、电磁场），称为大地电场；而各种天然的地方性的稳定电场，称为自然电场；这两种电场总称为地电场。大地电场的强度在地面上因时间、地点而异。它的变化周期有11年、1年、1月、24小时、12小时、8小时、6小时以及更短的周期；幅度一般以毫伏/千米计算。陆地平均场强为20毫伏/千米，海洋为0.4毫伏/千米，中纬度地区不超过10毫伏/千米，南北极可达1 100毫伏/千米。当极光出现时，大地电场变化剧烈。自然电场的分布范围较小，强度在几十毫伏/千米到1伏/千米之间，矿区及山坡丘陵地带表现得较为强烈。

地温场 地球内部热能通过导热率不同的岩石在地壳上的表现，称为地温场。地表流出的温泉、深井温度升高及火山喷出炙热的物质，都表明地下是热的（图2-11）。在地表之下，地温随埋藏深度而有规律地逐渐增加，即每增加

——地学知识窗——

地磁偏角

是指地球上任一处的磁北方向和正北方向之间的夹角。当地磁北向实际偏东时，地磁偏角为正，反之为负。地磁偏角在历史上由我国宋代科学家沈括最早发现，其在11世纪末著的《梦溪笔谈》中记述用天然磁石摩擦钢针可以指南的时候指出："然常微偏东，不全南也。"

一定深度就增加一定温度。一般将深度每增加100米所升高的温度称为地温梯度，以℃/100 m表示。地温梯度一般在3.5℃/100 m左右。

地温场的分布是不均一的，许多因素都直接或间接地影响着地温场的分布。影响地温场的主要因素包括大地构造性质、基底起伏、岩浆活动、岩性、盖层褶皱、断层、地下水活动等。

▲ 图2-11　地热

——地学知识窗——

地球之最

最大的高原：巴西高原（巴西）500多万平方千米

最高的高原：青藏高原（中国）平均海拔4 000~5 000米

最大的平原：亚马孙平原（巴西）560万平方千米

最大的盆地：刚果盆地（非洲）337万平方千米

最低的盆地：吐鲁番盆地（中国）最低−154米

最高的盆地：柴达木盆地（中国）平均海拔2 600~3 000米

最大的沙漠：撒哈拉沙漠（非洲）9 065 000平方千米

海拔最高山脉：喜马拉雅山脉（最高峰：珠穆朗玛峰海拔8 844.43米）

最长的陆上山脉：安第斯山脉7 500千米

最长的山系：科迪勒拉山系（美洲大陆）1.5万千米

最大的湖泊：里海（亚洲、欧洲）386 400平方千米

海洋最低处：马里亚纳海沟−11 929米

面积最大的大洋：太平洋约18 000万平方千米

面积最小的大洋：北冰洋约1 300万平方千米

面积最大的岛屿：格陵兰岛（丹麦）2 166 086平方千米

面积最小的岛屿：瑙鲁岛24平方千米

Part 3 地球的运动

运动是地球的本质属性，地球的自转与公转运动造成了地球上的昼夜交替和四季变化等自然现象；同时，海陆的变迁表明地球的表面也处在不断的运动中。

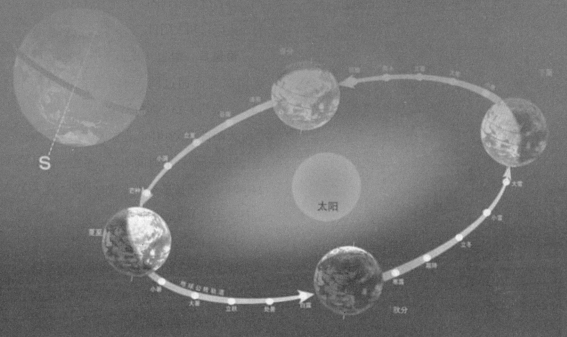

地球的自转

地球不停地绕着自转轴自西向东做旋转运动，称为地球的自转运动。地球的自转轴简称为地轴（图3-1），它是通过地心和地球南、北极的假想轴，与地球的赤道面相垂直，其北端始终指向北极星附近。

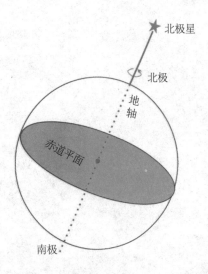

北极星

北极

地轴

赤道平面

南极

△ 图3-1 地轴

地球自转的特点

地球自转的方向是自西向东。从北极点上空观察地球呈逆时针方向旋转，从南极点上空观察地球呈顺时针方向旋转。

地球自转一周所需的时间为自转周期。为了计量地球的自转周期，必须在地球之外选定参照点。根据不同的参照点（恒星、太阳、月球）计量的地球自转周期，其长度是不同的。因此，就有了恒星日、太阳日和太阴日。

恒星日 恒星（或春分点）连续两次由东向西通过同一子午圈的时间间隔，长度约为23小时56分4秒。

太阳日 太阳中心连续两次由东向西通过同一子午圈的时间间隔，平均长度是24小时。太阳日是昼夜交替的周期，是人们日常生活中使用的日。

恒星日总是比太阳日要短一些。这是因为地球离恒星非常遥远，远到从恒星上看来，地球似乎是不动的，地球的公转轨道相对于如此遥远的距离已变作一个点。从这些遥远天体射来的光线是平行的，无论地球处于公转轨道的哪一点，某地两次对向恒星的时间间隔都没有变化，因此，恒星日是地球自转的真正周期（图3-2）。

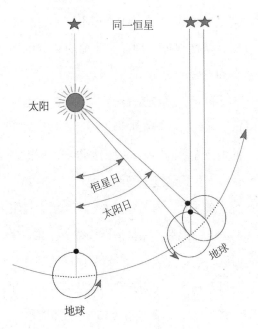

把地球看作是个正球体，线速度$v=\cos\theta\times(R+h)\times2\pi/T$，其中$T$是自转周期，$R$是赤道半径，$h$是海拔，$\theta$为地理纬度。由公式可知，纬度越低，距地表越高，其线速度越大。因此赤道处的线速度最快，且向两极减小，极点为0。地球的两极点，在地球自转时是静止不动的。所以，在极点上，不论角速度还是线速度都为0。

上述皆是地球自转的平均速度。然而，事实上受风的季节性变化、太阳潮汐及月亮潮汐的影响，地球自转的速度是不均匀的。

◔ 图3-2　恒星日与太阳日示意图

太阳日　月球中心连续两次由东向西通过同一子午圈的时间间隔，平均长度是24小时50分。太阳日是地面潮汐涨落的周期。

地球的自转速度可以用角速度和线速度来描述（图3-3）。

地球自转的角速度是地球上某点于单位时间内绕轴所转过的角度。角速度与转动半径长短无关，因此全球各地（两极除外）自转角速度都是一样的。根据地球自转的周期，地球自转的角速度平均为每小时15°。地球自转的线速度是地球上某点于单位时间内所转过的距离。如果

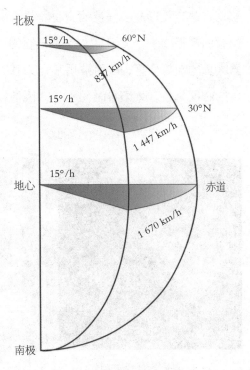

◔ 图3-3　地球自转的角速度和线速度

25

地球自转的地理意义

昼夜交替和地方时

地球是一个既不发光也不透明的球体，因此在同一时间里太阳只能照亮地球表面的一半。向着太阳的半球是白天，背着太阳的半球是黑夜。昼半球和夜半球的分界线（圈）叫晨昏线（圈），其中由夜半球进入昼半球的分界线是晨线，由昼半球进入夜半球的分界线是昏线。晨昏线（圈）把经过的纬线分割成昼弧和夜弧。由于地球不停地自西向东旋转，使得昼夜半球和晨昏线也不断自东向西移动，这样就形成了昼夜的交替。昼夜交替的周期为一个太阳日，太阳日制约着人类的起居作息，因而被用来作为基本的时间单位。太阳日时间不长，因而

整个地球表面增热和冷却不至于过分剧烈，从而保证了地球上生命有机体的生存和发展。

地球自西向东自转，在同一纬度地区，相对位置偏东的地点，要比位置偏西的地点先看到日出，时刻就要早。因此，就会产生因经度不同而出现不同的时刻，称为地方时。为了方便人们的生活，克服时间上的混乱，在全世界按统一标准划分时区，实行分区计时。世界时区的划分，是以本初子午线为标准的。从西经7.5°到东经7.5°（经度间隔为15°）为零时区，从零时区的边界分别向东和向西，每隔经度15°划一个时区，东、西各划出12个时区，其中东十二时区与西十二时区相重合（图3-4）。全球共划分成24个时区。各

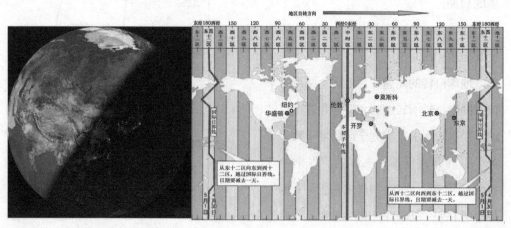

图3-4 晨昏线及时区的划分

时区都以中央经线的地方为本区的区时。经度每隔15°，地方时相差1小时，同一条经线上的各地，地方时相同。时区界线原则上按照地理经线划分，但在具体实施中，为了便于使用，往往根据各国的政区界线或自然界线来确定。全世界多数国家都采用以时区为单位的标准时，并与格林尼治时间保持相差整小时数。但是，有些国家采用其首都（或适中地点）的地方时为本国的统一时间。我国采用首都北京所在的东八时区的区时，称为北京时间。

地球自转偏向力

由于地球自转，地球表面的物体在沿水平方向运动时，其运动方向会发生一定的偏转。在北半球向右偏转，在南半球向左偏转，在赤道上没有偏转。我们把这种促使物体水平运动方向产生偏转的力，称为地球自转偏向力。

地球自转偏向力不会改变地球表面运动物体的速率（速度的大小），但可以改变运动物体的方向。地球自转偏向力对季风环流、气团运行、气旋（台风，图3-5）与反气旋（冷空气）的运移路径、洋流与河流的运动方向以及其他许多自然现象有着明显的影响。例如，北半球河流多有冲刷右岸的倾向；水库、水槽放水时会看到水面在北半球形成逆时针旋转的旋涡，在南半球则形成顺时针方向旋转的旋涡。

🔺 图3-5　在北半球台风的气流绕中心呈逆时针方向旋转

地球的公转

我们生活的地球是太阳系自中心向外的第三颗行星，它到太阳的平均距离约为1.496×10^8千米。地球在自转的同时还环绕太阳转动，地球环绕太阳的运动称为地球公转（图3-6）。严格地说，地球公转不是地球单方面的运动，而是地球和太阳同时环绕它们的共同质心运动，由于太阳和地球的质量非常悬殊，所以共同质心十分接近太阳中心。

如果不考虑地球和太阳的其他运动，仅就日地间的相对关系而言，地球绕太阳（确切地说是日地共同质心）公转所经过的路线是一条封闭曲线，叫作地球轨道。地球轨道的形状是一个接近正圆的椭圆，太阳位于椭圆的一个焦点上。随着地球的绕日公转，日地之间的距离不断变化。每年1月初地球距离太阳最近，这个位置称为近日点；每年7月初地球距离太阳最远，这个位置称为远日点。

地球在其公转轨道上的每一点都在相

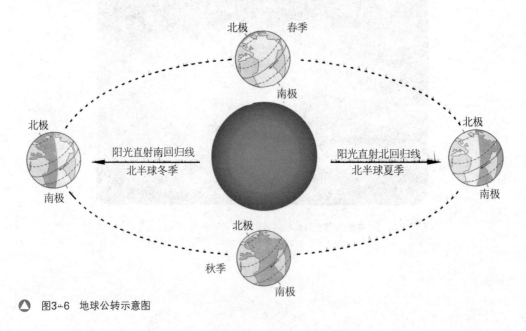

▲ 图3-6 地球公转示意图

同的平面上，这个平面就是地球轨道面。地球轨道面在天球上的表现称为黄道平面，过地心并与地轴垂直的平面称为赤道平面，赤道平面与黄道平面之间存在一个交角，叫作黄赤交角（图3-7）。目前的黄赤交角是23° 26′，所以人们有时形象地比喻地球"斜着身体"绕太阳公转。黄赤交角的存在，具有重要的天文和地理意义。黄赤交角是地轴进动的成因之一；它还是视太阳日长度周年变化的主要原因；另外，黄赤交角也是地球上四季变化和五带区分的根本原因。

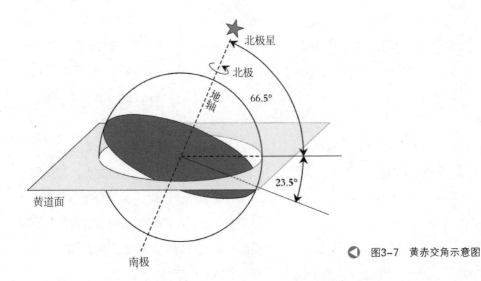

图3-7　黄赤交角示意图

——地学知识窗——

月　食

当月球转到地球背着太阳的一面，三个天体大致成一条直线时，月球就处在地球的影子里，太阳照在月球的光就被地球挡住了，这时就会发生月食。

日　食

当月球转到太阳和地球中间，三个天体大致成一条直线的时候，月球的影子就会投在地球上。处在月影里的人，由于被月球挡住了视线，就看不见太阳或只能看见一部分太阳，这就是日食。

地球公转的特点

地球公转的方向也是自西向东的。从北极上空看，地球沿逆时针方向绕太阳运转；从南极上空看，地球沿顺时针方向绕太阳运转。

地球公转的周期，笼统地说是一年。但是，由于参照点的不同，天文上的年的长度有四种：恒星年、回归年、近点年和交点年（食年），它们分别是以恒星、春分点、近日点和黄白交点为度量年长的参照点。

恒星年　从地球上观测，以太阳和某一个恒星在同一位置上为起点，当观测到太阳再回到这个位置时所需的时间，长度是365日6时9分9.7秒，即365.256 4日。恒星年是地球公转的真正周期，即地球绕太阳360° 0′ 0″所需的时间。

回归年　太阳中心自西向东沿黄道从春分点到春分点所经历的时间，又称为太阳年，长度是365日5时48分46.08秒，即365.242 2日。回归年是四季变化的周期，它与农业生产密切相关。

近点年　地球中心连续两次经过轨道上的近日点（或远日点）的时间间隔，长度是365日6时13分53.2秒，即365.259 6日。

交点年　太阳在天球运行，从月球轨道面（白道面）和黄道面交线出发，再回到此交线所经过的时间，又称食年，长度是346日14时52分53秒，即346.620 0日。

春分点、近日点和黄白交点，都是周期性的移动点。因此，以它们作为参照点测定的年长，都是周年运动中的太阳与这些动点的会合周期。现将上述各种年长列表（表3-1）比较如下：

表3-1　　　　各种年长的特点

名称	参考点	点的移动	比较恒星年	年的长度
恒星年	恒星	无明显移动	——	365.256 4日
回归年	春分点	每年西移50″	<恒星年	365.242 2日
近点年	近日点	每年东移11″	>恒星年	365.259 6日
交点年	黄白交点	每年西移20°	<恒星年	346.620 0日

地球公转速度包含角速度和线速度两个方面。如果我们采用恒星年作地球公转周期的话，那么地球公转的平均角速度就是每日约0.986°，即每日约59′ 8″。地球轨道总长度是940 000 000千米，因此，地球公转的平均线速度就是每秒29.8千米。依据开普勒行星运动第二定律可知，地球公转速度与日地距离有关。地球在

过近日点时，公转的速度快，角速度和线速度都超过它们的平均值，角速度为1°1′11″/日，线速度为30.3千米/秒；地球在过远日点时，公转的速度慢，角速度和线速度都低于它们的平均值，角速度为57′11″/日，线速度为29.3千米/秒。地球于每年1月初经过近日点，7月初经过远日点。因此，自春分经夏至到秋分的半年（夏半年）的日数多于自秋分经冬至到春分的半年（冬半年）的日数，前者是186天，后者约为179天。

地球公转的地理意义

正午太阳高度和昼夜长短的变化

地球绕着太阳公转，由于黄赤交角的存在，使得太阳直射点在南、北回归线之间往返移动，这就使得地表接收到的太阳辐射能量因地因时发生变化，这种变化可以用昼夜长短和正午太阳高度的变化来定性描述（图3-8）。昼夜长短反映了日照时间的长短；正午太阳高度是一日之内最大的太阳高度，反映了太阳辐射的强弱。

▽ 图3-8 冬至日全球的昼长和正午太阳高度角

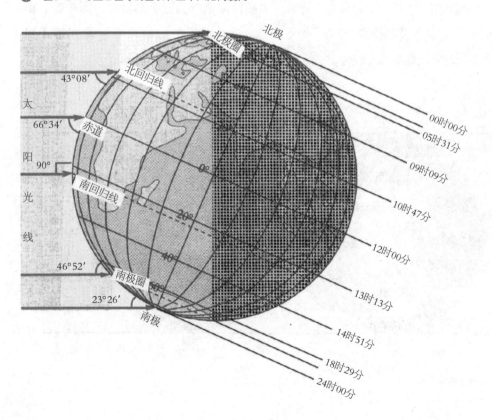

四季的更替

当太阳直射在北回归线时，北半球获得的太阳热量较多，且白昼比黑夜长，所以北半球气温处于一年中最高的时候，为夏季；这时太阳斜射在南半球，南半球获得的太阳热量较少，且黑夜比白昼长，因此，南半球处于一年中最冷的季节，为冬季。当地球绕太阳再公转半圈，太阳的直射点由北回归线移向南回归线，北半球获得的太阳热量逐渐减少，由夏季进入秋季，进而转入冬季；而南半球却由冬季进入春季，进而过渡到夏季。不过，地球绕太阳公转的轨道并不是一个标准的正圆，因此南半球的夏天要稍比北半球的夏天热，而冬天则要比北半球冷些。

我国以二十四节气中的立春、立夏、立秋、立冬为起点，作为四季的划分。现在北温带的许多国家为了使季节划分和气候变化相符合，在气候统计上一般把3、4、5三个月划分为春季，6、7、8三个月划分为夏季，9、10、11三个月划分为秋季，12、1、2三个月划分为冬季。当然，南半球的季节变化与北半球正好相反。

五带的划分

根据太阳高度和昼夜长短随纬度的变化，将地球表面有共同特点的地区，按纬度划分为五个热量带，即热带、南温带、北温带、南寒带、北寒带（图3-9）。

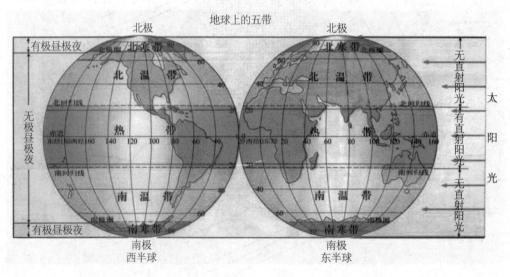

▲ 图3-9 地球五带划分

热带　南、北回归线之间的低纬度地带，地处赤道两侧，南北跨纬度46°52′，占全球总面积的39.8%。本带太阳高度终年很大，在两回归线之间的广大地区一年有两次太阳直射的机会，太阳高度角在90°～43°8′之间变化。在赤道上终年昼夜等长，向南、北昼夜长短变化幅度渐增，但最长和最短的白昼时间仅差2小时50分。所以热带的特点是全年高温，变幅很小，只有相对热季和凉季之分或雨季、干季之分。

温带　南、北回归线和南、北极圈之间的中纬度地带。南、北温带各跨纬度43°8′，南、北温带的总面积占全球总面积的52%。本带内太阳高度变化很大，在回归线上的变幅为90°～43°8′之间，随纬度增高，太阳高度逐渐减小，到极圈的变幅在46°52′～0°之间。温带内昼夜长短变化很大，太阳高度比热带小，获得热量少于热带，温度也低于热带。区域内昼夜长短变化与四季变化显著。

寒带　分别以南、北极为中心，极圈为边界的地带，仅占全球总面积的8.2%。本带太阳高度终年很小，在极圈上最大高度为46°52′，在极地最大高度仅为23°26′，且有负值出现。极昼和极夜现象随纬度的增高愈加显著。极昼时期，太阳高度很低，地面获得热量很少；极夜时期，地面没有太阳辐射。这一地带的地球表面气温最低，一年之中只有冬、夏之分，而无春、秋之别。

在地球表面上，热带、温带、寒带的空间分布，表明了热量的不均匀分布状况。热带是地球表面最大的热源，两极是最大的冷源，所以赤道与两极地区之间的热量传输与交换对全球性的大气环流、洋流的形成与分布具有决定性的意义。广大的温带地区正是冷暖气流接触和热量交换的地带，在那里形成了四季分明多变的天气特征。

——地学知识窗——

极昼和极夜

极昼和极夜是地球两极地区的自然现象。所谓极昼，就是一日之内，太阳都在地平线以上的现象，即日长24小时；所谓极夜，就是与极昼相反，一日之内，太阳都在地平线以下的现象，即夜长24小时。北极和南极都有极昼和极夜之分，一年内大致连续6个月是极昼，6个月是极夜。

岩石圈的运动

地球内力作用引起地壳乃至岩石圈的变形、变位及洋底的增生、消亡的机械作用和相伴随的地震活动，称为岩石圈的运动，又叫构造运动。岩石圈是软流圈以上至地表，由地壳和上地幔顶部岩石组成的地球外壳固体圈层。岩石圈下面有一层容易发生塑性变形的较软的地层，这就是软流圈。地壳同上地幔顶部紧密结合形成的岩石圈，可以在软流圈之上运动。

通常岩石圈可分为六大板块，包括亚欧板块、太平洋板块、美洲板块、非洲板块、印度洋板块、南极洲板块，同时还有一些较小板块镶嵌于这些大板块之间（图3-10）。

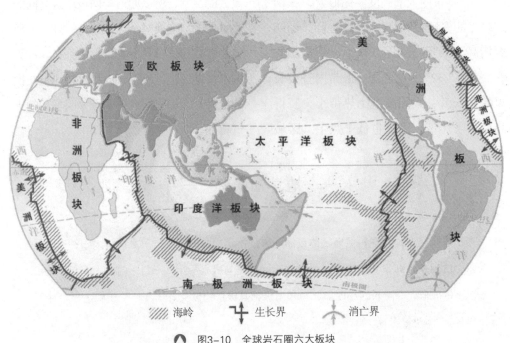

图3-10　全球岩石圈六大板块

岩石圈运动的特点

岩石圈的运动主要是指由于地球内动力作用所引起的岩石圈的机械运动。其运动具有以下基本特点：

普遍性和永恒性 地壳自形成以来，在地球的旋转能，重力能，地球内部的热能、化学能，以及地球外部的太阳辐射能、日月引力能等作用下，任何区域和任何时间都在发生运动。通常，把新近纪和第四纪（前23 Ma~现代）时期内发生的构造运动称为新构造运动。

方向性 岩石圈最基本的运动方向有两种：水平运动和垂直运动。水平运动是指岩石圈物质大致沿地球表面切线方向（水平方向）进行的运动，叫水平运动。这种运动常表现为岩石水平方向的挤压和拉张，也就是产生水平方向的位移以及形成褶皱和断裂，在构造上形成巨大的褶皱山系和地堑、裂谷等。所以，水平运动也称为造山运动。垂直运动是指岩石圈物质沿地球半径方向的上升或下降运动，也叫升降运动。它常表现为大规模的缓慢地上升或下降，形成规模不等的隆起或拗陷，并引起海侵、海退，导致海陆的变化。这种大面积的升降运动也称为造陆运动。水平运动和垂直运动是构成地壳整个空间变形的两个分量，彼此不能截然分开，但也不能等同起来看待。它们在具体的空间和

时间中的表现常有主次之分，在一定的条件下还可彼此转化。

非均速性 岩石圈运动的速度在时间和空间上都是不均等的，有强有弱。

幅度和规模的不同 岩石圈运动的幅度常大小不一，这与运动的方向和速度有关。若运动的方向在长期内保持一致而且速度又较快时，其运动的幅度就较大；若运动的方向变化频繁，其幅度可能就小。由于岩石圈运动的速度、幅度和方式不同，其波及的范围也就不同，有的可影响到全球或整个大陆，有的仅涉及局部区域。

岩石圈运动的地理意义

岩石圈的运动会产生褶皱、断裂等各种地质构造（图3-11），还会引起海陆轮廓的变化、地壳的隆起和拗陷以及山脉、海沟的形成，同时也影响着生物圈的分布，并改变大气环流，以至影响着整个地球的表层环境。

褶皱（Fold）是岩层受力变形后产生的一系列弯曲，其岩层的连续完整性没有遭到破坏。褶皱形态多种多样，规模有大有小。褶皱有背斜和向斜两种基本形态。背斜是岩层向上拱的弯曲，形成中心部分为较老岩层，两侧岩层依次变新；向斜是岩层向下弯曲，中心部分是较新岩层，两侧部分岩层依次变老。如岩层未经剥蚀，

图3-11　褶皱和断层

则背斜形成隆起的脊，向斜成为谷地，地表仅能见到时代最新地层。褶皱遭受风化剥蚀后，背斜隆起部分被削低，甚至遭受强烈剥蚀而形成谷地，而向斜中部因处于挤压状态，岩石不易被剥蚀则形成山脊。

断裂是岩体、岩层受力后发生变形，当所受的力超过岩石本身强度时，岩石的连续完整性受到破坏，便形成断裂构造。断裂构造包括节理和断层。节理是岩层、岩体中的一种断裂，在破裂面两侧的岩块没有发生显著的位移。节理常成群出现，长度不一，间距也不一。节理面有平整的，也有粗糙弯曲的。按节理发生时的受力状态可分为剪（切）节理和张节理。断层岩层或岩体受力破裂后，破裂面两侧岩块发生了显著位移的断裂构造叫断层。断层包含破裂和位移两层意义。断层在地壳中广泛发育，其种类很多，形态各异，规模不一。

由岩石组成的地球表层并不是整体一块，而是由板块拼合而成。各大板块处于不断运动之中（图3-12）。一般来说，板块内部地壳比较稳定，板块与板块交接的地带，地壳比较活跃。据地质学家估计，大板块每年可以移动1~6厘米。这个速度虽然很慢，但经过亿万年后，地球的海陆面貌就会发生巨大的变化：当两个板块逐渐分离时，在分离处即可出现新的凹地和海洋。大西洋和东非大裂谷就是在两块大板块发生分离时形成的。喜马拉雅山，就是3 000多万年前由南面的印度板块和北面的亚欧板块发生碰撞挤压而形成的。有时还会出现另一种情况：当两个坚硬的板块发生碰撞时，接触部分的岩层还没来得及发生弯曲变形，其中有一个板块已经深深地插入另一个板块的底部。由于碰撞的力量很大，插入部位很深，以至把原来板块上的老岩层一直带到高温地幔中，最后被熔化了。而在板块向地壳深处插入的部位，即形成了很深的海沟。西太平洋海底的一些大海沟就是这样形成的。板块构造学说诞生后，已成功地解释了一些大地构造现象。同时，仍存在一些尚不能圆满解释的问题，有些推论也未得到最后的证实，还有待地质学家进一步去探索。

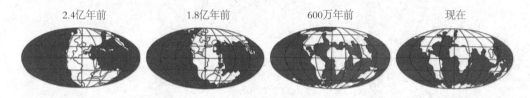

2.4亿年前　　　　1.8亿年前　　　　600万年前　　　　现在

▲ 图3-12　大陆漂移的过程

——地学知识窗——

大陆漂移学说

大陆漂移学说是德国气象学家魏格纳1910年提出的。该学说认为在古生代后期（约3亿年前）地球上存在一个"泛大陆"，相应地也存在一个"泛大洋"。后来，在地球自转离心力和天体引潮力作用下，泛大陆的花岗岩层分离并在分布于整个地壳中的玄武岩层之上发生漂移，逐渐形成了现代的海陆分布。该学说成功解释了许多地理现象，如大西洋两岸的轮廓问题；非洲与南美洲发现相同的古生物化石及现代生物的亲缘问题；南极洲、非洲、澳大利亚发现相同的冰碛物；南极洲发现温暖条件下形成的煤层等等。但这一假说却难以解释某些大问题，如大陆移动的原动力、深源地震、造山构造等。

海底扩张学说

海底扩张学说是对大陆漂移学说的进一步发展。该学说于20世纪60年代，由美国科学家赫斯和迪茨提出，是海底地壳生长和运动扩张的一种学说。海底扩张学说认为海岭是新的大洋地壳诞生处，地幔物质从海岭顶部的巨大开裂处涌出，凝固后形成新的大洋地壳，此后，继续上升的岩浆又把原先形成的大洋地壳以每年几厘米的速度推向两边，使海底不断更新和扩张，当扩张着的大洋地壳遇到大陆地壳时，便俯冲到大陆地壳之下的地幔中，逐渐熔化而消亡。这一过程实际上是洋壳"新陈代谢"的过程，其所历时间约2亿年。它也是海底岩石年龄的下限。海底扩张说较好地解释了一系列海底地质及地球物理现象。

Part 4 地球的结构

从外貌上看，地球是个光洁圆润、漂亮迷人的球体。那地球具有怎样的结构？它的内部又是什么样子呢？经过研究发现，地球是由一个物质分布不均匀的同心球层构成的，呈圈层结构。地球以固体表层为界，分为外部圈层和内部圈层。

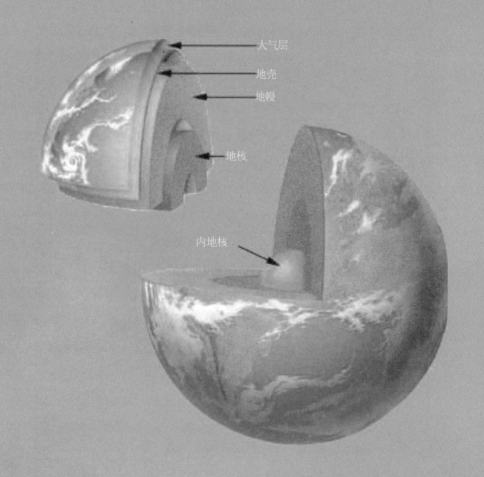

大气层

地壳

地幔

地核

内地核

外部结构

从 地表以上到地球大气的边界部位统称为地球的外部。地球的外部是由多种物质组成的综合体，既有有机物，也有无机物；既有气态物质，也有固态和液态物质。分布于地球外部的这些物质并不是杂乱无章的，它经历了漫长的地质演化，现已形成了分布有序、物质构成有别的外部圈层。地球的外部圈层可分为大气圈、水圈和生物圈，各圈层是一个独立但又开放的体系，它们之间是相互关联、相互影响、相互渗透、相互作用的，并共同促进着地球外部环境的演化（图4-1）。

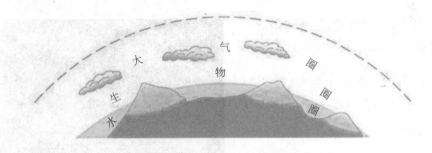

🔺 图4-1 地球的外部圈层示意图

大气圈

大气圈（Atmosphere）是因地球引力而聚集在地表周围的气体圈层，是地球最外部的一个圈层。大气圈像褥褓一样把地球这个婴儿严严实实地包裹起来，它是生命赖以生存的圈层，使地表保持恒温，是水分的保护层，同时，它也是促进地表形态变化的重要动力和媒介。

据估算，大气圈的总质量约5.3×10^{18}千克，其中绝大部分分布在大气圈的下层。自然状态下的大气是多种气体的混合物，主要由恒定组分氮（78.09%）、氧（20.94%）、氩（0.93%），可变组分二氧化碳、臭氧和水汽以及不定组分如尘埃、硫化氢、氮氧化物、煤烟等组成（图4-2）。

大气圈的下界通常是指地表，但在

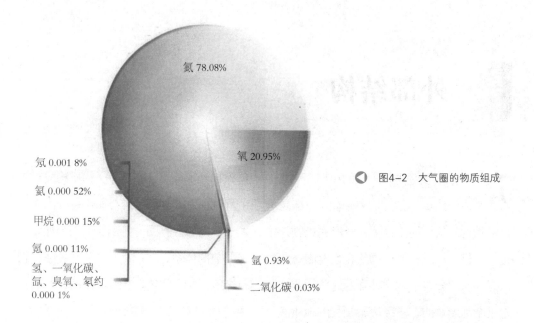

氮 78.08%

氧 20.95%

氖 0.001 8%

氦 0.000 52%

甲烷 0.000 15%

氪 0.000 11%

氢、一氧化碳、
氙、臭氧、氡约
0.000 1%

氩 0.93%

二氧化碳 0.03%

◀ 图4-2　大气圈的物质组成

地面以下的松散堆积物及某些岩石中也含有少量空气，它们是大气圈的地下部分，其深度一般小于3千米；大气圈的上界并无明确的界限，一般认为在2 000～3 000千米的高空向行星际尘埃的密度过渡。大气圈在垂直方向上的物理性质有显著的差异，根据温度、成分、电荷等物理性质，以及大气的运动特点，可将大气圈自地面向上依次分为对流层、平流层、中间层、暖层及散逸层（图4-3）。

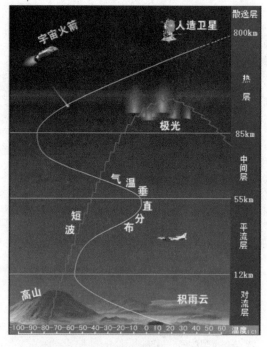

▲ 图4-3　大气圈分层示意图

对流层（Troposphere） 对流层是大气圈最下面的一层，它的厚度随纬度而异，赤道附近厚17～18千米，两极仅8～9千米，平均厚度11～13千米。而且厚度还随季节变化，一般夏季较大，冬季较小。同大气圈总厚度相比，对流层是很薄的，但其质量却占大气圈总质量的70%～75%，且集中了大气圈的几乎全部水汽和尘埃。对流层的主要特征是：①温度随高度增加而降低，一般平均每升高1千米温度降低6℃。这是由于对流层热量主要依靠吸收来自地面的长波辐射，因此距地面越高，所获得的热量越少；②空气具有强烈的对流运动。这是由于地面的不均匀加热而导致的不同纬度、不同高度的大气具有温度差与密度差引起的，空气对流使地面的热量、水汽和杂质向高空输送，从而发生一系列天气现象，如风、雪、雨、云等；③气象要素水平分布不均匀。由于对流层受地表的影响较大，其温度、湿度的水平分布很不均匀，并由此产生一系列物理过程，形成复杂的天气现象；④对流层受人类活动影响最显著。人类生产活动排放的大气污染物绝大部分都集中在该层中。

平流层（Stratosphere） 平流层是从对流层顶至35～55千米高空的大气层，其质量约占大气圈总质量的20%。平流层的最显著特点是气流以水平方向运动为主，且因此而得名。平流层基本不含水汽和尘埃物质，不存在对流层中的各种天气现象。在该层的上部（30~55千米）存在多层的含臭氧层，它能吸收来自太阳的99%以上对生命有害的紫外线，人们称它为地球生物的保护伞。平流层的温度，最初随高度的增加保持不变或略有上升，但升至30千米以上时，由于臭氧吸收了大量紫外线，温度升得很快，到平流层顶时的气温升至−3～17℃。

中间层（Mesosphere） 中间层是自平流层顶至85千米左右高空的大气层。由于这里没有臭氧吸收太阳辐射的紫外线，气温随高度增大而迅速下降，至中间层顶界气温降到−83～−113℃。由于下热上冷，再次出现空气的垂直运动。该层的顶部已出现弱的电离现象。

热层（Thermosphere） 又称电离层（Ionosphere），为从中间层顶到800千米的高空。该层的空气已很稀薄，质量只占大气总质量的0.5%。该层的空气质点在太阳辐射和宇宙高能粒子作用下，温度迅速增高，再次出现随高度上升气温增高的现象。据人造卫星观测，到500千米处温度高达1 201℃，500千米以上温度变化不大。同时，因紫外线及宇宙射线的作用，氧、氮被分解为原子，并处于电离状态，按电离程度可分为几个电离层，各层能反射不同波长的无线电波，故在远距离短波无线电通讯方面具有重要意义。

散逸层（Exosphere）：也称外逸层，位于800千米以上至2 000～3 000千米的高空，空气已极为稀薄。本层是大气圈与星际空间的过渡地带，其温度也随高度的增加而升高。因离地面太远，地球引力作用弱，空气粒子运动速度很快，所以气体质点不断向外扩散。

大气运动

大气时刻在运动着，其运动的形式和规模极为复杂。大气运动既有水平运动，也有垂直运动；既有全球性的大规模运动，也有局部性的小尺度运动。大气运动的动力来自于太阳辐射所产生的气压差。大范围的大气运动状态称为大气环流，它反映了大气运动的基本格局，并孕育和制约着较小规模的气流运动。同时，大气环流也是各种尺度的天气系统发生、发展和移动的背景条件。

为了简化研究，地理学中假设大气均匀地在地表运动，并将大气运动分为三圈环流。

低纬的热带环流圈 赤道地区，地表气温终年炎热，空气受热膨胀、密度变轻而上升，形成"赤道低压带"。因该地带空气以垂直上升运动为主，且上升气流常带有较多水汽，到高空后易冷凝降雨，故造成"赤道无风带"和湿热多雨气候。赤道地区地表的空气升到高空后，在高空形成高压，促使赤道高空气流向南、向北流动。由于地转偏向力的作用，气流方向逐渐向东加大偏转，并在大约南纬30°、北纬30°的高空与纬线基本平行。这样，气流不能再向南或向北流动，造成高空气体聚积、密度加大，气流被压向地面运动，形成"副热带高压带"（静风带），并导致该地区出现干旱的沙漠气候。在近地面，气流由副热带高压带向赤道低压带运动，并由于地转偏向力作用使气流方向逐渐向西偏转，形成"低纬信风带"，于是，在赤道与南纬30°、北纬30°之间形成了两个低纬度的大气环流系统。

中纬的中纬环流圈和高纬的极地环流圈 由于两极地区终年寒冷，大气冷却收缩，在近地面形成南、北两个"极地高压带"，而在极地高压带与副热带高压带之间，即在大约南纬60°、北纬60°的地区形成一个相对低压带，叫"副极地低压带"。于是在气压梯度力、地转偏向力和摩擦力的共同作用下，由极地高压带到副极地低压带之间形成偏东风，称"极地东风带"；由副热带高压带到副极地低压带形成偏西风，称"中纬西风带"。当极地东风与盛行西风在副极地低压带相遇时，形成上升气流。上升气流在高空又分别流向副热带和极地上空，于是就形成了中纬的中纬环流圈和高纬的极地环流圈。

由于大气环流的作用，在全球近地面大气中形成了相对稳定的7个气压带和6个风带（图4-4）。

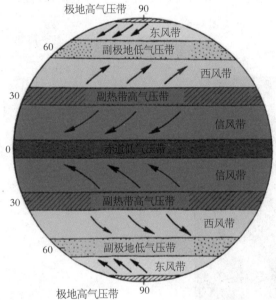

图4-4　地球上的气压带及风带

水圈

水圈（Hydrosphere）是指由地球表层水体所构成的连续圈层。地球是太阳系八大行星之中唯一被液态水所覆盖的星球。水是一切生物生存必不可少的物质条件，同时，它对地球表层环境的形成和改造起着重要的作用。

水或以气态或以固态，更多的是以液态的形式存在于大气圈、生物圈、海洋与大陆表层之中。地球水体的总质量为1.5×10^{18}吨，体积约1.4×10^{18}平方米，其中，海洋水约占97.212%，大陆表面水约占2.167%，地下水为0.619%，大气水占0.001%。地球上70.8%的面积被海水覆盖，另外，两极和高山上常年被冰雪覆盖，大陆地下也有无处不在的地下水连通，可以说，地球是一个名副其实的"水球"。

水按照其存在形式可分为气态水、液

态水和固态水。依水中的含盐量又可分为咸水、半咸水和淡水，全球咸水、半咸水约占97.47%，而淡水只有2.53%，并且大部分又为固结在两极及高山地区的固态水。若按天然水所处的环境不同可分为：海水、大气水和陆地水。海洋是地球表面最大的积水盆地，是水圈的主体；陆地水则包括地面流水、地下水、湖泊、沼泽和冰川（图4-5）。

水循环

自然界中以各种形式存在的或保存在不同环境中的水，并不是固定不变的，它在自然因素和人为因素的影响下处于不断的运动和转换之中，这被称为水圈的循环（图4-6）。

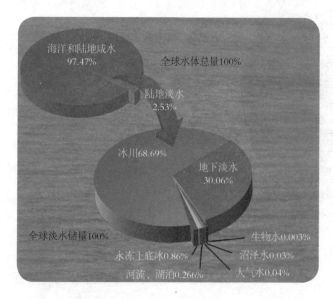

◀ 图4-5 地球上水的分布比例

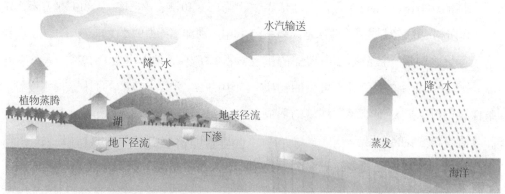

▲ 图4-6 水循环示意图

使水圈产生运动的最主要动力是太阳辐射能和地球的重力能。当地表水体在太阳辐射能的作用下，水分子获得能量而运动加剧，并挣脱其他水分子的吸引力而进入大气圈，同时把一部分太阳能转移到水分子的内部，以"潜热"的形式储存起来。所谓的"潜热"不是热量，而是势能，是水分子之间的相互引力。处于大气圈的水，随大气运动被输送到不同的部位。当遇到冷空气或大气降温时，水汽就会凝结以降雨、降雪等形式返回地面，同时也把一部分"潜热"释放出来。降到陆地上的水体，在重力作用下又回到海洋或陆地上的一些积水地区。所以，水在这两种能量的作用下，从一种形式转变成另一种形式，从一个地方转移到另一个地方，构成了水圈的循环。

水圈的循环可分为自然循环和人为循环，但我们通常所说的是水的自然循环。水循环是自然水体运动的最基本特征，它还可分为大循环和小循环。海洋表层水体经蒸发作用，一部分水进入大气圈，并运动到陆地的上空，当气温降低时，水蒸气凝结成雨、雪降到陆地。降落到陆地上的水一部分进入地下成为地下水，另一部分又蒸发回到大气圈，其余部分则以地表径流的形式又回到海洋。这样水就完成了从海洋到陆地再回到海洋的一个完整的水循环过程，这称为水圈的大循环。水圈的小循环是指陆地内部或海洋内部的水循环。当然水圈的小循环还可以进一步划分为更次一级的水循环。实际上，自然界的水循环有不同规模、不同时间尺度、不同形式，十分复杂。不仅是大气圈、水圈和生物圈之间存在着水循环，岩石圈与地球三个外部圈层之间也时刻发生着水循环。

——地学知识窗——

厄尔尼诺现象

厄尔尼诺现象又称圣婴现象，是秘鲁、厄瓜多尔一带的渔民用以称呼一种异常气候现象的名词。该现象主要表现为太平洋东部和中部的热带海洋的海水温度异常地持续变暖，使整个世界气候模式发生变化，造成一些地区干旱而另一些地区又降雨量过多。

拉尼娜现象

拉尼娜现象是指赤道太平洋东部和中部海面温度持续异常偏冷的现象（与厄尔尼诺现象正好相反），是热带海洋和大气共同作用的产物。拉尼娜现象总是出现在厄尔尼诺现象之后，它与厄尔尼诺现象都已成为预报全球气候异常的最强信号。

生物圈

生物圈（Biosphere）是指地球表层由生物及其生命活动的地带所构成的连续圈层，是地球上所有生物及其生存环境的总称。它同大气圈、水圈和岩石圈的表层相互渗透、相互影响、相互交错分布，它们之间没有一条绝然的分界线。生物圈所包括的范围是以生物存在和生命活动为标准的，从研究现状来看，从地表以下3千米到地表以上10多千米的高空以及深海的海底都属于生物圈的范围，但是生物圈中的90%以上的生物都活动在地表到200米高空以及从水面到水下200米的水域空间内，所以这部分是生物圈的主体。受太阳辐射量、气候、地形、地质、大气环境、水环境等因素的影响，生物圈中的生物分布极不平衡。例如，在沙漠、两极地区，

——地学知识窗——

物　种

物种简称"种"，是生物分类学研究的基本单元与核心。它是一群可以交配并繁衍后代的个体。它与其他生物却不能交配或交配后产生的杂种不能再繁衍。

生物的数量和种类都很少；而在气候湿热的热带和亚热带地区，不仅生物种类繁多，而且生物量也很大。

构成生物圈的生物种类极其繁多，现今地球上已被发现、鉴别并定名的就达200万种，其中动物150万种，植物50万种。实际上，这个数字与地球上真正存在的生物种类的数量还相差甚远。所以，生物圈中的生物种类很难有一个较准确的统计数字。在生物的分类中，最大的一级单位是界，其次是门，门以下依次是纲、目、科、属、种。其中，种即物种的概念，是生物分类的基本单位。

生物圈的生物，按其性状特征可分为四类，即原核生物界、真菌界、植物界和动物界。生物依据与营养物之间的关系，可分为自养生物和异养生物。植物是依靠光合作用制造食物，不需要运动器官，称为自养生物。而动物是吞食者，以植物或猎物为食，它们需要通过运动寻找并大量消耗食物，称为异养生物。

生态系统

生态系统（Ecosystem）指由生物群落与无机环境构成的统一整体（图4-7）。在这个统一整体中，生物与环境之间相互影响、相互制约，并在一定时期内处于相对稳定的动态平衡状态。最大的

非　　生　　物　　环　　境

大气圈

太阳能

四级消费者

次级消费者

三级消费者

生产者

初级消费者

次级消费者

初级消费者

水

生境

分解者

▲ 图4-7　生态系统的组成

生态系统就是生物圈。常见的生态系统还有森林生态系统、草原生态系统、海洋生态系统、淡水生态系统、农田生态系统、湿地生态系统、城市生态系统等。

生态系统主要由非生物的物质和能量、生产者、消费者及分解者组成。其中生产者为主要成分。另外，无机环境是一个生态系统的基础，其条件的好坏直接决定生态系统的复杂程度和其中生物群落的丰富度；生物群落反作用于无机环境，生物群落在生态系统中既在适应环境，也在改变着周边环境的面貌，各种基础物质将生物群落与无机环境紧密联系在一起，而

生物群落的初生演替甚至可以把一片荒凉的裸地变为水草丰美的绿洲。生态系统各个成分之间紧密联系，使得生态系统成为具有一定功能的有机整体。

生态系统的能量来源于太阳，植物通过光合作用将太阳光能转化为化学能，从而进入生态系统，并在生物之间流动开来。能量流动具有单向性和逐级递减的规律。能量流动的单向性是指能量永远不可能被已流经的营养级再利用。能量逐级递减，实际上就是"生态金字塔"出现的原因，这一规律要求人们对绿色植物这一最初生产者予以充分的爱护和关怀。生态系

统内部不仅时刻存在能量的转换和流动，而且无时无刻不在进行物质循环。与能量的单向流动不同，物质在生态系统中是可以被重复利用的，不同物质的循环特点和途径各不相同。就构成生物体的基本元素而言，水循环、碳循环、氮循环和磷循环是生物圈物质演化的主要组成形式。

内部结构

从地表往下至地心称为地球的内圈层。目前对地球内部的了解，主要借助于地震波研究的成果。地震波传播速度的大小与介质的密度和弹性性质有关，地震波波速的变化就意味着介质的密度和弹性性质发生了变化。地震波的传播如同光波的传播一样，当遇到不同波速介质的突变界面时，地震波射线就会发生反射和折射，这种界面称为波速不连续面。地震波的传播速度总体上是随深度而递增变化的。但其中出现两个明显的一级波速不连续面、一个明显的低速带和几个次一级的波速不连续面。

莫霍洛维奇不连续面（简称莫霍面，Moho discontinuity）　该不连续面是1909年由南斯拉夫学者莫霍洛维奇首先发现的。其出现的深度在大陆之下平均为33千米，在大洋之下平均为7千米。在该界面附近，纵波的速度从7.0千米/秒左右突然增加到8.1千米/秒左右；横波的速度也从4.2千米/秒突然增至4.4千米/秒。莫霍面以上的地球表层称为地壳（crust）。

古登堡不连续面（简称古登堡面，Gutenberg discontinuity）　该不连续面是1914年由美国地球物理学家古登堡首先发现的，它位于地下2 885千米的深处。在此不连续面上下，纵波速度由13.64千米/秒突然降低为7.98千米/秒，横波速度由7.23千米/秒向下突然消失。并且在该不连续面上地震波出现极明显的反射、折射现象。古登堡面以上到莫霍面之间的地球部分称为地幔（Mantle）；古登堡面以下到地心之间的地球部分称为地核（Core）。

低速带（或低速层，Low-velocity zone） 低速带出现的深度一般介于60～250千米之间，接近地幔的顶部。在低速带内，地震波速度不仅未随深度而增加，反而比上层减小5%～10%。低速带的上、下没有明显的界面，波速的变化是渐变的；同时，低速带的埋深在横向上是起伏不平的，厚度在不同地区也有较大变化。横波的低速带是全球性普遍发育的，纵波的低速带在某些地区可以缺失或处于较深部位。低速带在地球中所构成

的圈层被称为软流圈（Asthenosphere）。软流圈之上的地球部分被称为岩石圈（Lithosphere）。

因此，地球的内部构造以莫霍面和古登堡面为界划分为地壳、地幔和地核三个主要圈层。根据次一级界面，还可以把地幔进一步划分为上地幔和下地幔，把地核进一步划分为外地核、过渡层及内地核（图4-8）。在上地幔上部存在着一个软流圈，软流圈以上的上地幔部分与地壳一起构成岩石圈（表4-1）。

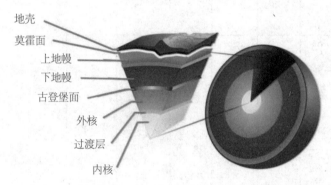

地壳
莫霍面
上地幔
下地幔
古登堡面
外核
过渡层
内核

▶ 图4-8 地球的内部结构

地壳 莫霍面以上的固体地球表层称为地壳。其厚度变化在5～70千米之间，总体平均厚度约16千米，占地球半径的1/400左右，占地球总质量的0.8%。地壳物质的密度一般为$2.6 \times 10^3 \sim 2.9 \times 10^3$千克/立方米，其上部密度较小，向下部密度增大。地壳为固态岩石所组成，分为上、下两层：上层化学成分以氧、硅、铝为主，

平均化学组成与花岗岩相似，称为花岗岩层，亦被称之为"硅铝层"；此层在海洋底部很薄，尤其是在大洋盆底地区，太平洋中部甚至缺失，是不连续圈层。下层富含硅和镁，平均化学组成与玄武岩相似，称为玄武岩层，亦被称之为"硅镁层"，在大陆和海洋均有分布，是连续圈层。两层以康拉德不连续面隔开。

表4-1　　　　　　　　　地球内部圈层结构及各圈层的主要地球物理数据

内部圈层			深度 km	地震波速度/km·s⁻¹		密度ρ g·cm⁻³	压力P Mpa	重力g 10⁻²m·s⁻²	温度t ℃	附注
				纵波V_P	横波V_S					
	地壳		0	5.6	3.4	2.6	0	981	14	岩石圈 (固态)
	莫霍面		33	7.0	4.2	2.9	1 200	983	400~1 000	
地幔	上地幔			8.10	4.4	3.32				软流圈 (部分熔融)
		低速层	60	8.2	4.6	3.34	1 900	984	1 100	
			100	7.93	4.36	3.42	3 300	984	1 200	
			250	8.2	4.5	3.6	6 800	989		
			400	8.55	4.57	3.64	7 300	994	1 500	
			650	10.08	5.42	4.64	18 500	995	1 900	(固态)
	下地幔		2 550	12.8	6.92	5.13	98 100	1 008		
	古登堡面		2 885	13.64	7.23	5.56	135 200	1 069	3 700	
地核	外核			7.98	0	9.98				液态地核
			3 170	8.82	0					
	过渡层		4 170	9.53	0	11.42	252 000	760		固-液态过渡带
				10.33	0				4 300	
			5 155			12.25	328 100	427		
	内核			10.89	3.46					固态地核
			6 371	11.17	3.50	12.51	361 700	0	4 500	

地幔　地球的莫霍面以下、古登堡面以上的中间部分称为地幔。其厚度约2 850千米，占地球总体积的82.3%，占地球总质量的67.8%，是地球的主体部分。通过地震波横波的事实看整个地幔，它主要由固态物质组成。根据地震波的次级不连续面，以650千米深处为界，可将地幔分为上地幔和下地幔两个次级圈层。

上地幔的平均密度为3.5×10³千克/立方米。上地幔由相当于超基性岩的物质组成，其主要的矿物成分可能为橄榄石，有一部分为辉石与石榴子石，这种推测的地幔物质被称为地幔岩。

上地幔上部存在一个软流圈，约从70千米延伸到250千米左右，其特征是出现地震波低速带。据估算，软流圈的温度可达700～1 300 ℃，已接近超基性岩在该压力下的熔点温度，因此一些易熔组分或熔点偏低的组分便开始发生熔融。因此，它成为岩浆的主要源地之一。

下地幔的平均密度为5.1×10^3千克/立方米。下地幔经受着强大的地内压力作用，使得存在于其中的橄榄石等矿物分解成为FeO、MgO、SiO_2和Al_2O_3等简单的氧化物。与上地幔相比，下地幔的物质化学成分的变化可能主要表现为含铁量的相对增加（或Fe/Mg的比例增大）。由于压力随深度的增大，物质密度和波速逐渐增加。

地核　地球内部古登堡面至地心的部分称之为地核，其体积占地球总体积的16.2%，质量却占地球总质量的31.3%，地核的密度达$9.98 \times 10^3 \sim 12.5 \times 10^3$千克/立方米。根据地震波的传播特点可将地核进一步分为三层：外核（深度2 885～4 170千米）、过渡层（4 170～5 155千米）和内核（5 155千米至地心）。在外核中，根据横波不能通过、纵波发生大幅度衰减的事实推测其为液态；在内核中，横波又重新出现，说明其又变为固态；过渡层则为液体—固体的过渡状态。

综合多方面研究推测，地核主要由铁、镍物质组成。近年来的进一步研究还发现，在地核的高压下，纯铁、镍的密度略显偏高，推测地核最合理的物质组成应是铁、镍及少量的硅、硫等轻元素组成的合金。

地球的物质组成

地球是一个物质世界，近60万万亿吨的物质几乎都集中在固体地球里面，并主要以岩石和金属的形式出现。其中地核和地幔主要由金属组成，地壳主要由岩石组成。岩石由各种各样的矿物集合而成，而矿物和金属则由元素及其化合物组成。

元　素

元素是质子数相同的一类原子的总称。根据俄国科学家门捷列夫的化学元素周期表，组成地球的天然物质主要有92种天然元素，它们在地球各圈层相互作用的过程中不断地迁移和重新组合。地球中的元素分布是不均匀的，存在形式复杂多样。

近年来的研究表明，组成整个地球的物质，按质量百分比计算，占98%以上的八大元素是铁、氧、硅、镁、镍、硫、钙、铝，其他所有元素仅占1.5%。铁的含量达总含量的1/3还多，氧的含量也近1/3。铁与镍大部分以金属状态集中存在于地核中，而氧、硅、铝、铁和镁主要赋存于地壳和地幔中。地壳中各种元素的丰度和分布都是不均匀的，含量最多的8种元素是O、Si、Al、Fe、Ca、Na、K、Mg，占地壳总成分的98%以上，最高的是氧（47%）。地壳中的元素除少数以单质状态产出外，大部分以化合物的形式出现，以氧的化合物占多数，其中又以硅酸盐的氧化物分布最广，约占总量的76.6%。

地球的外部圈层中，大气圈主要是由氮、氧组成；水圈是由氧、氢组成；生物圈是由氧、碳、氢组成。虽然外部圈层中所有元素的质量不及地球总质量的1/1 000，但它们对地球所产生的影响快速而强烈，丰富而多变。

——地学知识窗——

元素丰度

元素丰度是指研究体系中被研究元素的相对含量，用重量百分比表示（图5-1），地壳元素的丰度称为克拉克值。

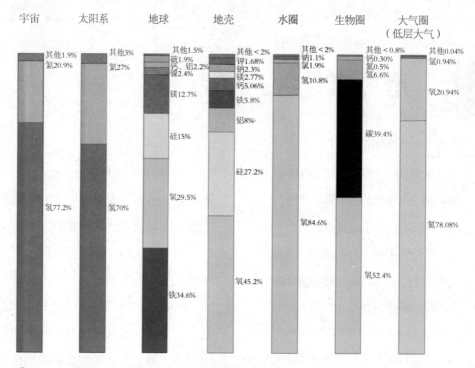

宇宙　太阳系　地球　地壳　水圈　生物圈　大气圈（低层大气）

宇宙：其他1.9%　氦20.9%　氢77.2%

太阳系：其他3%　氦27%　氢70%

地球：其他1.5%　硫1.9%　钙、铝2.2%　镍2.4%　镁12.7%　硅15%　氧29.5%　铁34.6%

地壳：其他<2%　钾1.68%　钠2.3%　镁2.77%　钙5.06%　铁5.8%　铝8%　硅27.2%　氧45.2%

水圈：其他<2%　氢10.8%　氧84.6%

生物圈：其他<0.8%　钙0.30%　氮0.5%　氢6.6%　碳39.4%　氧52.4%

大气圈：其他0.04%　氩0.94%　氧20.94%　氮78.08%

图5-1　宇宙、太阳系及地球各圈层的元素组成

矿　物

矿物是地壳中天然形成的单质或化合物，它具有一定的化学成分和内部结构，因而具有一定的物理、化学性质及外部形态，是组成岩石和矿石的基本单元。自然界中的大多数矿物是由两种以上的元素组成的化合物，少数是由一种元素组成的单质矿物，如自然金（Au）、自然硫（S）、金刚石(C)等。在通常状况下，绝大多数矿物是固体，只有极少数是液体，如自然汞（Hg）、水（H_2O）等。绝大多数矿物属于晶质矿物，晶质矿物的内部质点（原子、离子、分子）呈有规律的排列，在有利的条件下晶质矿物都能生长成规则的几何多面体外形，这种集合多

面体称为晶体（图5-2）。除了晶质矿物外，还有一些非晶质矿物，如火山玻璃、胶体矿物。非晶质矿物的内部质点排列无

规律，颇类似于液体。在一定的条件下，非晶质矿物可转化为晶质矿物。

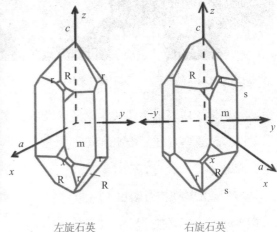

左旋石英　　　　　　右旋石英

🔺 图5-2　石英及其晶体的理想结构

矿物的形态和物理性质

矿物的化学成分和内部结构的不同，决定了它们不同的外部形态与物理性质，这种特定的矿物形态与物理性质是鉴定矿物的重要依据。

晶质矿物在有利的条件下形成的单个完整晶体（称单体）往往具有特殊的几何形态。这种单体的形态多种多样，但归纳起来，可分为三种类型：

一向延伸型：呈柱状或针状的晶形，如石英、辉锑矿、角闪石等。

二向延伸型：呈片状或板状的晶形，如云母、长石等。

三向等长型：呈粒状或等轴状晶形，

如黄铁矿、石榴子石、磁铁矿等。

同种矿物的多个单体或颗粒聚合在一起时称为矿物集合体。矿物集合体也常具有某种习惯性的形态，它们多取决于矿物单体形态及集合方式。一向延长型单体常集合成晶簇状、纤维状、放射状等集合体形态（图5-3）；二向延长型单体常集合形成片状、鳞片状等集合体形态（图5-4）；三向延长型单体常集合成粒状等集合体形态（图5-5）。由胶体凝聚而成的非晶质及隐晶质矿物集合体常呈鲕状、肾状和钟乳状等集合体形态。

由于各矿物组分的晶体结构特点不同，因此各种矿物都有不同的物理特

🔺 图5-3 柱状石英　　🔺 图5-4 片状云母　　🔺 图5-5 粒状石榴子石

性，如光学性质、力学性质、磁性以及压电性等，这些性质是肉眼鉴定矿物的主要依据。

矿物的光学性质有颜色（Color）、条痕（Streak）、光泽（Luster）和透明度（Transparency）等。这是矿物对可见光的吸收、反射和透射等程度不同所致，与矿物的化学成分和晶体结构密切相关。

矿物的力学性质包括解理（Cleavage）、断口（Fracture）、硬度（Hardness，表5-1）等，它是矿物受外力后的反应，与矿物的晶体构造等有关。

另外，相对密度、磁性、压电性等物理性质有时在鉴定矿物时具有特殊的作用，如方铅矿（PbS）相对密度大（为7.6克/立方厘米）、磁铁矿具磁性、纯净的石英（水晶）具压电性等。此外，某些矿物的化学性质对鉴定矿物也特别有利，如碳酸盐类的方解石加盐酸会剧烈起泡等。所以，在鉴定矿物时往往要综合各方面特点进行分析（表5-2）。

——地学知识窗——

矿物的压电性

是指某些介质的单晶体，当受到定向压力或张力的作用时，能使晶体垂直于应力的两侧表面上分别带有等量的相反电荷的性质。若应力方向反转时，则两侧表面上的电荷易号。水晶等单晶体就具有压电性。

表5-1　　　　　　　　　　摩氏相对硬度级

硬度	1	2	3	4	5	6	7	8	9	10
矿物	滑石	石膏	方解石	萤石	磷灰石	钾长石	石英	黄玉	刚玉	金刚石
参照物		指甲				小刀				
				硬度自左向右逐渐增大						

表5-2　常见矿物的物理性质及鉴定特征

矿物名称	化学成分	晶形	颜色	条痕色	光泽	解理或断口	硬度	其他
石墨	C	片状	黑灰色	亮灰黑色	金属光泽	一组解理	1.0~2.0	有滑感，易污手
金刚石	C	八面体、菱形十二面体	无色	无	金刚光泽	无解理	10.0	
萤石	CaF_2	八面体	无色、淡绿色、紫色	无	玻璃光泽	四组解理	4.0	具荧光
黄铁矿	FeS_2	立方体、五角十二面体	浅铜黄色，有时呈褐色锖色	绿黑色	金属光泽	无	6.0~6.5	晶面有生长纹
黄铜矿	$CuFeS_2$	少见	铜黄色，带蓝、紫红、褐等锖色	绿黑色	金属光泽	无	3.0~4.0	
方铅矿	PbS	立方体	铅灰色	灰黑色	金属光泽	三组解理	2.0~3.0	
闪锌矿	ZnS	四面体	黄褐色－褐黑色	白色至褐色	金刚光泽	六组解理	3.5~4.0	
石英	SiO_2	六棱柱菱面体	白色	无	玻璃光泽	无	7.0	断口油脂光泽
磁铁矿	$Fe^{+2}Fe_2^{+3}O_4$	八面体	铁灰色	黑色	半金属－金属光泽	无	5.5~6.0	磁性
方解石	$CaCO_3$	棱面体	白色、灰色	白色	玻璃光泽	三组解理	3.0	
斜长石	$(Na,Ca)[Al[AlSi_3O_8]$	板状、板条状	白色、灰白色	白色	玻璃光泽	两组解理	6.0	聚片双晶
普通辉石	$(Ca,Na,Mg,Fe,)[(Si,Al)_2O_6]$	短柱状	黑色、黑褐色	白色	玻璃光泽	两组解理	5.5~6.0	
普通角闪石	$NaCa_2(Mg,Fe,Al)_5[(Si,Al)_4O_{11}]_2(OH)_2$	柱状	绿色－黑色	灰绿色	玻璃光泽	两组解理	5.5~6.0	
黑云母	$K_2[Mg,Fe]_6[Al_2Si_6O_{20}](OH,F)_4$	片状或板状	褐黑色、绿黑色	灰色	玻璃光泽	一组解理	2.0~3.0	
石榴子石	$(Mg,Fe)_3^{+2}(Al,Fe)_2^{+3}[SiO_4]_3$	十二面体、四角三八面体	暗红色、红褐色至黑色	黄褐色	玻璃光泽	无	6.0~7.5	

矿物的分类

目前世界上已知的矿物已达3 000余种，常见矿物二三百种，按照矿物的化学成分和结构可分为下述五类：

自然元素矿物是自然界中呈元素单质状态产出的矿物（图5-6）。已知的该类矿物已超过50种，主要包括金、银、铜、铂等金属元素矿物，砷、锑、铋、碲、硒等半金属元素矿物，硫、碳等非金属元素矿物。自然元素矿物占地壳总质量的

0.1%，但其中有一些矿物如自然金、自然铜、金刚石、石墨等却可以在地质作用过程中富集成大型甚至超大型矿床，因而，在国民经济中具有重要的意义。

硫化物矿物是主要由阴离子硫与一些金属阳离子相结合而形成的矿物（图5-7）。已知的硫化物矿物超过370种，约占地壳总质量的0.25%。常见的硫化物矿物主要有黄铁矿、黄铜矿、方铅矿、闪锌矿、辉锑矿等，它们多是有色金属及部

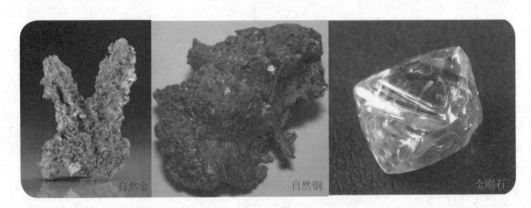

自然金　自然铜　金刚石

▲ 图5-6　自然元素矿物

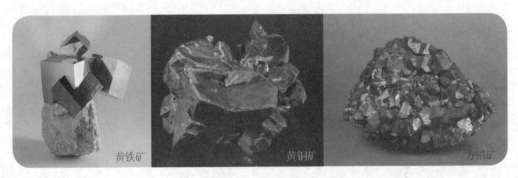

黄铁矿　黄铜矿　方铅矿

▲ 图5-7　硫化矿物

分稀有金属的主要矿物原料。

卤化物矿物是卤族元素（F、Cl、Br、I）与 K、Na、Ca、Mg 等元素化合而成的矿物（图5-8）。其种类较少，在地壳中的含量很低。常见的矿物有石盐、钾盐、光卤石、萤石等，它们都是工业上重要的矿产原料。

氧化物和氢氧化物矿物是由一系列金属阳离子及非金属阳离子与 O^{2-} 或 OH^- 相结合而成的化合物（图5-9）。最常见的阳离子是 Si^{4+}、Fe^{3+}、Al^{3+}、Mn^{2+}、Ti^{4+} 等。此类矿物已发现300种以上，占地壳总质量的

17%。其中硅的氧化物（即石英 SiO_2）分布最多，约占地壳总质量的 12.6%；铁的氧化物和氢氧化物（如赤铁矿、磁铁矿、褐铁矿等）分布亦较广泛，占地壳总质量的 3.9%；此类矿物中常见的还有铝土矿、刚玉、软锰矿、硬锰矿、锡石等。本类矿物是工业上金属矿产的主要来源。

含氧盐矿物是各种含氧酸根（如 $[SiO_4]^{4-}$、$[CO_3]^{2-}$、$[SO_4]^{2-}$、$[PO_4]^{3-}$、$[WO_4]^{2-}$ 等）与金属阳离子结合而成的化合物。根据含氧酸根可进一步分为硅酸盐、碳酸盐、硫酸盐、磷酸盐、钨酸盐等

▲ 图5-8 卤化物矿物

▲ 图5-9 氧化物和氢氧化物矿物

盐类矿物。这类矿物种类繁多，分布广泛，是地壳中最主要的矿物组分，约占地壳总质量的82.5%，其中最主要的是硅酸盐类矿物。

硅酸盐类矿物（图5-10）目前已知有800余种，是组成地壳的最主要矿物，其总量估计占地壳总质量的80%。其中最常见、分布最广的主要有长石（包括钾长石、斜长石等，约占地壳总质量的50%）、普通辉石、普通角闪石、橄榄石、云母（包括黑云母、白云母等），较常见的矿物有绿泥石、高岭石、石榴子石、红柱石、蓝晶石、夕线石、绿帘石、蛇纹石、滑石等。

碳酸盐类矿物（图5-11）有80余种，分布最广的矿物为方解石和白云石，约占地壳总质量的2%。硫酸盐类矿物约有260种，常见的矿物有石膏、重晶石等。磷酸盐矿物中以磷灰石为常见。钨酸盐矿物中以黑钨矿及白钨矿为常见。

▲ 图5-10 硅酸盐类矿物

▲ 图5-11 其他含氧盐类矿物

岩 石

岩石（Rock）是天然形成的、由固体矿物或岩屑组成的集合体。它构成了地壳及上地幔的固态部分，是地质作用的产物。岩石种类很多，但组成岩石的主要矿物仅有20多种。岩石可以是由一种矿物组成的单矿物岩石，如大理岩主要由方解石组成；也可以是由几种矿物组成的复矿物岩石；岩石还可以是由岩屑所组成的，如砾岩是由粒径大于2毫米的岩屑所组成。

地壳中的岩石种类虽多，但它并不是矿物的任意组合，而是受地质作用的特有规律所支配。不同的岩石具有不同的矿物成分及结构、构造特点，这些特点正是区别与鉴定岩石种类的主要依据。不同类型的岩石往往具有不同的矿物共生组合，这主要是地质作用自然选择的结果。这种特定的矿物共生组合不仅表现在矿物的种类上，而且还表现在矿物的含量上。如花岗岩主要由长石、石英、云母组成，其中长石含量常达 60% 以上，石英占 30% ~ 40%，云母为 5% 左右，在这个组合里不可能出现橄榄石；而在超基性岩（如橄榄岩）中，矿物主要为橄榄石及辉石，在这个组合里不可能出现石英。又如在页岩中，主要为地表环境下形成的高岭石等黏土矿物组成，其含量可达 90% 以上，而在花岗岩等地下深处形成的岩石中却不可能出现高岭石等黏土矿物。

岩石的结构是指组成岩石的矿物（或岩屑）的结晶程度、颗粒大小、形状及其相互关系。它主要是指岩石中颗粒本身的一些特点。例如花岗岩，其中的矿物颗粒全是结晶的，且颗粒较粗大，同种矿物的颗粒大小基本相等，因此，它的结构可称为中−粗粒结构、等粒结构、斑状结构（图5−12）；如果岩石是由岩屑组成的，这类岩石的结构称为碎屑结构（图5−13），如砾岩、砂岩等。

▲ 图5-12 花岗斑岩的斑状结构

▲ 图5-13 砾岩的碎屑结构

岩石的构造是指岩石中的矿物（或岩屑）颗粒在空间上的分布和排列方式特点。喷出岩中保留许多圆形、椭圆形或长管形等

孔洞，称气孔构造（图5-14）；又如砾岩、砂岩中碎屑颗粒的排列或堆积常具有分层性，这种构造称为层理构造（图5-15）。

▲ 图5-14 玄武岩的气孔构造

▲ 图5-15 砂岩中的水平层理

地壳中的岩石类型

根据岩石的成因，地壳中的岩石可分为岩浆岩、沉积岩和变质岩三大类。

岩浆岩（Magmatite） 由岩浆冷凝后形成的岩石称为岩浆岩，又称火成岩。

岩浆岩按其形成的环境有两种类型：岩浆喷出地表后冷凝形成的岩石称为喷出岩；岩浆在地表以下冷凝形成的岩石称为侵入岩。岩浆岩的物质成分主要是各种硅酸盐，如果以岩浆岩中 SiO_2 化学组分的百分含量来划分，则岩浆岩可分为四大类：超基性岩（$SiO_2 < 45\%$）、基性岩（SiO_2为 $45\% \sim 52\%$ 之间）、中性岩（SiO_2为 $52\% \sim 66\%$ 之间）和酸性岩（$SiO_2 > 66\%$）见表5–3。

岩浆岩的矿物成分主要包括橄榄石、辉石、角闪石、黑云母、斜长石、钾长石、石英等7种，前4种矿物颜色较深，富含 Fe、Mg 元素，称为暗色矿物，后 3 种矿物颜色较浅，富含 Si、Al 元素，称为浅色矿物。岩浆岩中按超基性岩、基性岩、中性岩、酸性岩的顺序，暗色矿物逐渐减少，而浅色矿物逐渐增多，因而岩石的总体颜色也由深变浅。岩浆岩在地表的分布面积占20%左右，但在地下深处有增加的趋势。从体积上看，岩浆岩占地壳的 $30\% \sim 40\%$。地壳中最常见、分布最广的岩浆岩是玄武岩（基性喷出岩，图5–16、5–17）与花岗岩（酸性侵入岩）。

△ 图5–16 玄武岩

△ 图5–17 玄武岩地貌

表5-3
岩浆岩分类简表

系列	钙碱性					碱性
岩类	超基性岩	基性岩	中性岩		酸性岩	碱性岩
SiO_2含量	<45%	45%~53%	53%~66%		>66%	53%~66%
石英含量	无	无或很少				无
长石种类及含量	一般无长石	斜长石为主	斜长石为主	钾长石为主	钾长石>斜长石	钾长石为主含似长石
暗色矿物种类及含量	橄榄石、辉石等>90%	主要为辉石，可有角闪石、黑云母、橄榄石等<90%	以角闪石为主，黑云母、辉石次之15%~40%		以黑云母为主，角闪石次之10%~15%	主要为碱性辉石和碱性角闪石<40%
岩石名称 主要结构特征 / 产状						
喷出岩（无斑隐晶质结构、斑状结构、玻璃质结构）	苦橄岩 科马提岩	玄武岩	安山岩	粗面岩	流纹岩	响岩
浅成岩（细粒结构或斑状结构）	苦橄玢岩 金伯利岩	辉绿岩	闪长玢岩	正长斑岩	花岗斑岩	霞石正长斑岩
深成岩（中粗粒结构或似斑状结构）	橄榄岩 辉岩	辉长岩	闪长岩	正长岩	花岗岩	霞石正长岩

沉积岩（Sedimentary rock） 沉积岩是在地表或近地表的条件下，由母岩（岩浆岩、变质岩和早先形成的沉积岩）风化、剥蚀的产物经搬运、沉积和硬结成岩而形成的岩石。沉积岩绝大部分是在水介质中沉积形成的，但也有少数是在空气介质中沉积形成的（如风积岩、火山碎屑岩）。沉积岩按成分可分为碎屑岩、黏土岩、火山碎屑岩、化学和生物化学岩等4类（表5-4）。组成沉积岩的物质成分主要为：岩屑、矿物、有机质及胶结物。其中，岩屑是母岩经风化、剥蚀下来的岩石碎屑，有些则是来自于火山喷发的产物。矿物常包括 3 种类型：一是从原岩上风化剥蚀下来的碎屑矿物，如石英、长石、云母等；二是在风化剥蚀过程中新形成的表生矿物，主要是高岭石等黏土矿物；三

是在沉积过程中形成的化学沉淀新矿物，如方解石、白云石、燧石（SiO_2）、赤铁矿等。有机质在沉积岩中也很常见，主要包括动植物的遗体和骨骼，有些岩石可全部由有机质组成，如煤、珊瑚礁灰岩等。在碎屑组成的沉积岩中，还常见有胶结物将碎屑连接起来，常见的胶结物成分有钙质（$CaCO_3$）、硅质（SiO_2）、铁质（FeO、Fe_2O_3）、泥质等。

沉积岩在地表分布广泛，约占地表面积的70%，但其主要集中于地壳表层，全球的平均厚度约1.8千米，估计占地壳体积的10%左右。沉积岩中最常见、分布最广的是泥岩（图5-18）、页岩（图5-19）、砂岩和碳酸盐岩（石灰岩及白云岩，图5-20）。

▲ 图5-18 泥岩

▲ 图5-19 页岩

▲ 图5-20 白云岩

表5-4 沉积岩的分类简表

岩类	沉积物质来源	沉积作用	岩石名称
碎屑岩石	母岩机械破碎碎屑	机械沉积为主	砾岩及角砾岩
			砂岩
			粉砂岩
黏土岩	母岩化学分解过程中形成的新生矿物，以黏土矿物为主	机械沉积和胶体沉积	泥岩
			页岩
			黏土
火山碎屑岩	火山喷发碎屑	机械沉积为主	火山集块岩
			火山角砾岩
			凝灰岩
化学岩和生物化学岩	母岩化学分解过程中形成的可溶物质、胶体物质以及生物化学作用产物和生物遗体	化学沉淀和生物遗体堆积	铝、铁、锰页岩
			硅、磷质岩
			碳酸盐岩
			蒸发盐岩
			可燃有机岩

变质岩（metamorphic rock） 变质岩是地壳中已形成的岩石（*岩浆岩、沉积岩或变质岩*）在高温、高压及化学活动性流体的作用下，原岩石的物质成分、结构、构造发生改造而形成的新岩石。变质岩按形成的地质背景及原因主要包括接触变质岩、动力变质岩、区域变质岩和混合岩等几类（表5-5）。

变质岩的矿物中长石、石英、云母、角闪石、方解石、辉石等含量高、分布广。沉积岩中那些常温、常压下形成的表生矿物在变质岩中一般难以存在。变质岩中常出现某些只在变质岩中存在的矿物，这类矿物称变质矿物，常见的有石榴子石、红柱石、夕线石、滑石、蓝闪石、蛇纹石、石墨等，这些矿物常能反映岩石变质的环境，是鉴别变质岩的有力标志。

变质岩在地表分布面积较小，约占10%。地表的这些变质岩一般是由地下深处升起并剥蚀出露的，变质岩在地下深处分布广泛。就体积而言，变质岩可能占地壳的50%~60%。地壳中含量多、分布广的变质岩主要有片岩、片麻岩（图5-21）、混合岩（图5-22）、麻粒岩及大理岩（图5-23）等。

⚠ 图5-21　片麻岩　　　　⚠ 图5-22　混合岩　　　　⚠ 图5-23　大理岩

表5-5　　　　　　　　　　　　　　变质岩的分类

岩石类别		岩石名称	组分	结构	构造	原岩成分
动力变质岩		碎裂岩	各种岩屑	碎斑	角砾状	各种岩石
		糜棱岩	原岩碎物	糜棱	带状，眼球状	
接触变质岩	热接触变质岩	大理岩	方解石、白云石为主、不纯的有橄榄石、蛇纹石、石榴石、辉石、绿帘石	粒状变晶	块状	石灰岩、白云岩
		石英岩	以石英为主，少量长石、云母、绿泥石、磁铁矿、绿帘石、硅线石等	变余砂状	块状	石英砂岩各种硅质岩
		角岩	董青石，红柱石，硅线石，石榴石，白、黑云母，辉石，石英等	致密，细粒斑状	致密状，条带状	泥质页岩，凝灰岩
	接触交代变质岩	矽卡岩	石榴石、绿帘石、透辉石、符山石等钙铁铝硅酸盐矿物	粗—中粒变晶	块状	中酸性侵入体与碳酸盐岩接触变质而成
		蛇纹岩	橄榄石、辉石、蛇纹石	致密状，斑状变晶	块状或带状	超基性岩

（续表）

岩石类别	岩石名称	组分	结构	构造		原岩成分
区域变质岩	浅变带 板岩	肉眼不易辨认，绢云母、绿泥石、石英、长石、残余的黏土矿物	隐晶，致密，变余泥状，粉砂状	片理	板状	泥质岩，浅变质而成
	千枚岩	肉眼不易辨认，绢云母、石英、长石、方解石、绿泥石（较板岩含量少）	鳞片变晶		千枚状	由泥质岩或隐晶质酸性岩浆岩浅变质而成
	中变带 片岩	云母、绿泥石、滑石、石墨、角闪石、阳起石等	鳞片变晶		片状	泥质岩、页岩，基性岩
	深变带 片麻岩	长石、石英为主（>50%），片状矿物有黑、白云母，柱状矿物有角闪石	等粒变晶，斑状变晶，晶体较粗大		片麻状	长石砂岩，中酸性岩
	混合岩	原岩基体物质与混入脉岩的物质		块状或条带状		区域变质岩

——地学知识窗——

三大岩类的转换

三大类岩石具有不同的形成条件和环境，而岩石形成所需的环境条件又会随着地质作用的进行不断地发生变化。沉积岩和岩浆岩可以通过变质作用形成变质岩。在地表常温、常压条件下，岩浆岩和变质岩又可以通过母岩的风化、剥蚀和一系列的沉积作用而形成沉积岩。当变质岩和沉积岩进入地下深处后，在高温、高压条件下又会发生熔融形成岩浆，经结晶作用又变成岩浆岩。因此，在地球的岩石圈内，三大岩类处于不断转换的过程之中。

Part 6 地球上的生命

地球上存在着形形色色、种类繁多的生物。这些生物都是经过漫长的年代进化而来的。原始生命沿着由简单到复杂、由低级到高级、由水生到陆生的方向进化。到今天，它已经发展成为具有400万～500万种生物的五彩缤纷、绚丽多彩的生物界。

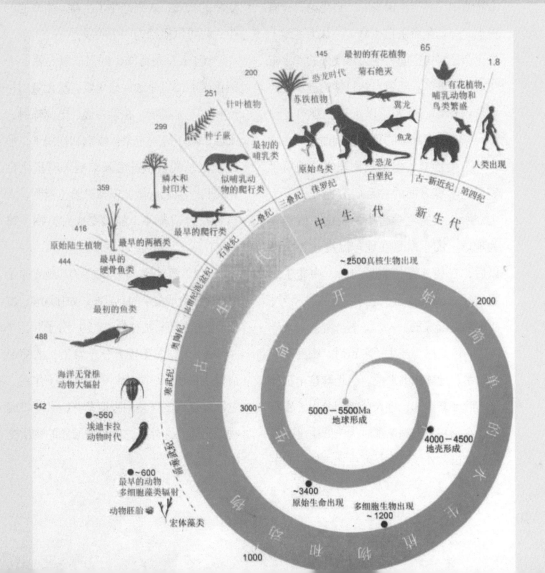

生命的起源

关于生命的起源，历史上出现过很多的假说，有主张一切生物来自神创的"神创论"；有认为生物是从非生命物质中突然产生出来的"自生论"；有提倡"一切生命来自生命"，认为地球上的生命是宇宙空间其他天体飞来的"宇宙生命论"等等。随着自然科学的进步，实践和理论都已证明了以上这些观点是误谬。探索生命起源的科学家们通过对生物学、古生物学、化学、物理学、地质学和天文学等方面的综合研究，提出了为大众所接受的化学起源说。这一假说认为地球上的生命是在地球温度逐步下降以后，在极其漫长的时间内，由非生命物质经过极其复杂的化学过程，一步一步地演变而成的。

宇宙大爆炸产生了宇宙后，银河系、太阳系、地球相继形成。当地球这个星体稳定后渐渐冷却，地表开始划分出了岩石圈、水圈和大气圈。那时大气圈中没有氧气，宇宙紫外线辐射是产生化学作用的主要能源，化学反应就在这样的条件下不断地进行着。由于缺氧，合成的有机分子不会遭受氧化的破坏，得以进化出具有生命现象的物质，最终产生了生命。生命的产生过程可以概括为四个阶段：

（1）原始海洋中的氮、氢、氨、一氧化碳、二氧化碳、硫化氢、氯化氢、甲烷和水等无机物，在紫外线、电离辐射、高温、高压等一定条件影响和作用下，形成了氨基酸、核苷酸及单糖等有机化合物。科学家们所做的模拟试验也表明，无机物在合适条件下能够变成有机物（图6-1）。

（2）氨基酸、核苷酸等有机物在原始海洋中聚合成复杂的有机物，如甘氨酸、蛋白质及核酸等，被称为"生物大分子"。

（3）许多生物大分子聚集、浓缩形成以蛋白质和核酸为基础的多分子体系，它既能从周围环境中吸取营养，又能将废物排出体系之外，这就构成原始的物质交换活动。

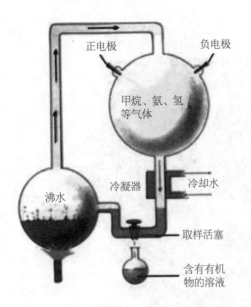

正电极　负电极

甲烷、氨、氢
等气体

冷凝器　　冷却水

沸水

取样活塞

含有有机物
物的溶液

图6-1　米勒模拟地球原始大气的实验装置

（4）在多分子体系的界膜内，蛋白质与核酸的长期作用，终于将物质交换活动演变成新陈代谢作用并行成了自身繁殖能力，这是生命起源中最复杂并且最有决定意义的阶段。这种生命体，被称为"原生体"。原生体的出现使地球上产生了生命，把地球的历史从化学进化阶段推向了生物进化阶段，对于生物界来说更是开天辟地的第一件大事，没有这件大事，就不可能有生物界。

生物的进化

生物的进化不是一个短暂的事件，而是经过了千百万年漫长的发展过程。在生物进化的研究中，化石是非常重要的证据。化石是存留在岩石中的古生物遗体、遗物或遗迹，它是地史时期古地理、古气候重建的重要依据，同时，它也为古生物分类提供了基础。

地球的生命现象大约起源于38亿年前。有生命的原生体是一种非细胞的生命物质，类似于现代的病毒，它出现以后，随着地球的发展而逐步复杂化和完善化，演变成为具有较完备的生命特征的细胞，到此时才产生了原核单细胞生物。单细胞的出现，使生物界的进化从微生物阶段发展到了细胞进化阶段，这样，生物的演化过程又登上了一个新台阶。在此基础上演化就分成了三支，分别朝着真菌植物和动物三个方向发展。生物界在反复的新生——繁盛——灭绝的循环中经历了低级到高级、简单到复杂、单一到多样、海生到陆生的进化过程，在不同的地质时代展示了千差万别的面貌，总体上可以分成5个大的阶段（图6-2）。

真菌　　　　　植物　　　　　动物

双子叶植物

子囊菌　　　　　　　　　　　　　　　　　节肢动物　脊椎动物

单子叶植物

环节动物

裸子植物　　　　　　　　　　原口动物

担子菌　　　　　　　　　　　苔藓　　　软体动物　　棘皮动物

线虫

接合菌　　　　　　　　　　绿藻　　　扁形动物

黏液菌　　褐藻　　红藻　原始脊索动物

原生生物　　　　　　　　　　　　　　　海绵体

鞭毛虫

变形虫　　　　　　草履虫

原核生物　　　古细菌　　　真细菌

▲　图6-2　生物进化树

——地学知识窗——

原核细胞

原核细胞是组成原核生物的细胞。这类细胞的主要特征是没有以核膜为界的细胞核，也没有核仁，只有拟核，进化地位较低。

真核细胞

真核细胞指含有真核（被核膜包围的核）的细胞。其染色体数在一个以上，能进行有丝分裂。还能进行原生质流动和变形运动。除细菌和蓝藻植物的细胞以外，所有的动物细胞以及植物细胞都属于真核细胞。

藻类和无脊椎动物时代

元古代、寒武纪、奥陶纪（距今25亿~4.438亿年前）

藻类是元古代海洋中的主要生物，大量藻类如蓝藻、绿藻、红藻在浅海底一代复一代地生活，逐渐形成巨大的海藻礁，又称叠层石。寒武纪时各门类无脊椎动物大量涌现，但以三叶虫为最多，约占当时动物界的百分之六十（图6-3）。奥陶纪时各门类无脊椎动物已发展齐全，主要包括腕足、珊瑚、鹦鹉螺以及古杯类、腹足类、苔藓虫等。海洋呈现一派生机蓬勃的景象。

▲ 图6-3　三叶虫复原图及化石

裸蕨植物和鱼类时代

志留纪、泥盆纪（距今4.438亿~3.596亿年前）

这段时期，生物发展史上有两大变革：其一是生物开始离开海洋，向陆地发展。首先登陆大地的是裸蕨植物，它们摆脱了水域环境的束缚，在变化多端的陆地环境生长，为大地首次添上绿装。其次是无脊椎动物进化为脊椎动物。志留纪时出现的无甲胄鱼类，是原始脊椎动物的最早成员，但却不是真正的鱼类；到泥盆纪时出现的盾皮鱼类和棘鱼类才是真正的鱼类，并成为水域中的霸主（图6-4）。

图6-4　鱼类时代

蕨类植物和两栖动物时代

石炭纪、二叠纪（距今3.596亿~2.52亿年前）

石炭纪时裸蕨植物已灭绝了，代之而起的是石松类、楔叶类、真蕨类和种子蕨类等孢子植物，它们生长茂盛，形成了壮观的森林。与森林有密切关系的昆虫亦发展迅速，种属激增。脊椎动物在石炭纪时向陆上发展，但因为不能完全脱离水域生活，只能成为两栖类动物，到二叠纪末期，两栖类逐渐进化为真正的陆生脊椎动物——原始爬行动物。

裸子植物和爬行动物时代

中生代（距今2.52亿~0.65亿年前）

中生代是地球发展历史上一个较活跃的时期，主要表现为联合古大陆的解体、板块漂移，古地理、古气候的明显变化，

生物界面貌焕然一新。许多海洋无脊椎动物绝灭，如三叶虫、四射珊瑚、蜓等。取而代之的是菊石和双壳类动物的繁盛。中生代生物界最大的特点是继续向适应陆生生活演化：裸子植物进化出花粉管，能进行体内受精，完全摆脱对水的依赖，更能适应陆生生活，形成茂密的森林。脊椎动物中鱼类和两栖类相当繁盛，爬行动物迅速发展，占据了海、陆、空三大生态领域，成为动物界霸主，其中以恐龙最具代表性（图6-5）。中生代后期，出现了鸟类以及哺乳动物。

图6-5　爬行动物时代

被子植物和哺乳动物时代

新生代（6500万年前到今天）

中生代末期，生物界发生了剧烈的变革，极度繁荣的大型爬行类如恐龙类、翼龙类、鱼龙类突然灭绝；海域里很多无脊椎动物如海蕾、海林檎、菊石、箭石等，亦未能够逃脱这次巨变而遭淘汰。腹足

类、双壳类、六射珊瑚等却进一步发展。进入新生代，鸟类和哺乳类等产生了更高级的科、属，获得兴盛发展；被子植物因种子在子房内发育，并进行双受精作用，完全摆脱了水域环境的束缚，取代了裸子植物，成为植物界的霸主。新生代最突出的事件是人类的起源、进化和发展。人类起源于1 400万年前森林古猿中的一支，其直接祖先是距今约440万年前的南方古猿。

人类的起源和进化

人类的起源和进化一直是人们关心的科学热点问题（图6-6）。有关人类起源与进化的研究进行了100多年，对于这个问题需从两方面来认识：一是人类是由什么动物进化而来的，这基本上有了结论，即人类是由古猿进化来的；二是人类的祖先究竟出现在哪个地方。对于人科的共同祖先约500万年前起源于非洲的观点，目前学术界除了在时间上有些不同的看法之外，并没有大的争议。但是对于现代人的起源，则存在两种假说，并且争议非常大。目前很多科学家支持"非洲起源说"，即非洲是现代人的故乡；少数科学家则支持"多地区进化说"，即认为现代人是在欧亚非各自起源。

⚠ 图6-6 人类的进化

人类学家运用各种科学的方法，研究各种古猿化石和人类化石，测定它们的相对年代和绝对年代，从而确定人类化石的距今年代，并将人类的演化历史大致划分为几个阶段。遗传学家则运用生物化学和分子生物学的方法，研究现代人类、各种猿类及其他高等灵长类动物之间的蛋白质、脱氧核糖核酸（DNA）的差别大小和变异速度，从而计算出其各自的起源和分化年代。目前，学术界一般认为，古猿转变为人类始祖的时间在700万年前。从已发现的人类化石来看，人类的演化大致可以分为以下四个阶段：

南方古猿阶段　已发现的南方古猿生存于440万年前到100万年前。根据对化石解剖特征的研究，区别于猿类，南方古猿最为重要的特征是能够两足直立行走。

能人阶段　能人生存于200万年前至175万年前。能人化石是1960年起在东非的坦桑尼亚和肯尼亚陆续发现的。最早的能人生存在190万年前。能人有明显比南方古猿扩大的脑，并能以石块为材料制造工具（石器），以后逐渐演化成直立人。

直立人阶段　直立人生活在距今170万至20万年前。直立人在分类上属于人属直立人种，简称直立人，俗称猿人。直立人化石最早是1891年在印度尼西亚的爪哇发现的。当时还引起了是人还是猿的争论。直到20世纪20年代，在北京周口店陆续发现北京猿人的化石和石器，才确立了直立人在人类演化史上的地位。迄今为止，直立人化石在亚洲、非洲和欧洲均有发现。

智人阶段　智人一般又分为早期智人（远古智人）和晚期智人（现代人）。早期智人生活在距今20万至10万年前。而晚期智人则生活在距今10万年前。其解剖结构已与现代人基本相似，因此又称解剖结构上的现代人。

在中国目前发现的古人类化石，有200多万年前的巫山人、170多万年前的元谋人、115万年前的蓝田人、50万年前的北京人、2万多年前的山顶洞人等古人类遗迹。时间跨度从200万年到1万多年的化石证据都没有间断过，从原始人类到现代人类的演化进展是连续的。

——地学知识窗——

五次生物大灭绝

第一次生物大灭绝：在距今4.4亿年前的奥陶纪末期，约85%的物种灭亡。古生物学家认为这次物种灭绝是由全球气候变冷造成的。

第二次生物大灭绝：在距今约3.65万年前的泥盆纪后期，海洋生物遭到重创。

第三次生物大灭绝：距今约2.5亿年前的二叠纪末期。地球上有96%的物种灭绝，其中90%的海洋生物和70%的陆地脊椎动物灭绝，是地球史上最大也是最严重的物种灭绝事件。这次大灭绝使得占领海洋近3亿年的主要生物从此衰败并消失，让位于新生物种类，生态系统也获得了一次最彻底的更新，为恐龙类等爬行类动物的进化铺平了道路。科学家认为，在二叠纪曾经发生的海平面下降和大陆漂移，是造成这次最严重的物种大灭绝的原因。

第四次生物大灭绝：距今1.95亿年前的三叠纪末期。有76%的物种（*主要是海洋生物*）在这次灭绝中消失。这一次灾难并没有特别明显的标志，可能与海平面下降之后又上升，出现大面积缺氧的海水有关。

第五次生物大灭绝：距今6 500万年前的白垩纪末期。75%～80%的物种灭绝。这一次大灭绝事件因长达1.6亿年之久的恐龙时代在此终结而最为著名，海洋中的菊石类也一同消失。这次灭绝事件消灭了地球上处于霸主地位的恐龙及其同类，为哺乳动物及人类的最后登场提供了契机。这一次灾难可能与小行星撞击地球有关。

Part 7 地球的能量

　　地球是一个由两台发动机构成和驱动的系统。一台发动机是地球内部的能量，它驱动和维持着地球岩石圈的运动。另一台发动机是太阳，驱动和维持着地表的风化，剥蚀和沉积过程。在这两种能量的作用下，地球的表面形态、内部物质组成及结构、构造等不断发生变化。

地球的内能和外能

内能

来源于地球内部的能量我们称之内能，地球的内能包括热能（Thermal energy）、重力能（Gravitaonal energy）、旋转能（Rotational energy）、结晶能（Crystallizing energy）与化学能（Chemical energy）。

地热能是地球内部散发出的热量，这种热量被认为有以下几个来源：①上地幔中放射性元素衰变产生的热能；②地球体积在逐渐收缩过程中，一部分重力能转变而来的热能；③地球形成时一部分动能转变而来并保留在地球内部的热能；④地壳运动过程中，动能转变而来的热能。

重力能是由地球内部物质的引力产生的一种能量，在重力能的作用下，物质具有从高位能的地方向低位能的地方运动的趋势。

地球旋转能是由地球绕地轴自转和绕太阳公转而产生的能量，但自转产生的旋转能远大于公转所产生的能量，这是因为自转的角速度大于公转的角速度。据估算，地球自转产生的旋转能为 1×10^{29} J。

结晶能和化学能是在地壳及地幔内部化学成分的转变以及结晶过程中产生的，常以热能的形式表现出来。

外能

来源于地球外部的能量称为外能。地球的外能是来自地球以外的能，主要是太阳辐射能、潮汐能和生物能。

太阳以辐射的形式把热量传送到地球表面，使地表的温度发生变化，但由于不同纬度地区所接收的太阳辐射量不同，空气的温度、压力出现差异，从而产生空气对流和大气环流、水圈运动等。

潮汐能是因日、月对旋转着的地球的各点的引力不断变化而产生的能。在它的作用下，地球上海水发生潮汐现象。潮汐具有机械能，是海洋中的地质营力之一。

生物能是生命活动经过能量转换而产生的能。其中，人类大规模改造自然的活动是生物能的重要表现形式之一。

地质作用

由地球内能和外能引起的地壳或岩石圈的物质组成、内部结构、构造和地表形态变化与发展的各种作用，称为地质作用（Geological process）。我们把引起这些变化的各种自然力称为地质营力。地质作用一方面对已有矿物、岩石、地质构造和地表形态等进行破坏，另一方面又不断形成新的矿物、岩石、地质构造和地表形态。

地质作用可根据能量来源和发生部位分为内动力地质作用（Interal process）和外动力地质作用（Surface process）两大类。

内动力地质作用

内动力地质作用是指主要由地球内部能量引起的地质作用（又称内力地质作用）。内动力地质作用一般起源和发生于地球内部，但常常可以影响到地球表层，如火山作用（图7-1）、构造运动等。

内动力地质作用主要包括岩浆作用、

▲ 图7-1　火山喷发

变质作用和构造运动。

岩浆作用是指在岩浆的形成、运动直到冷凝、结晶成岩石的过程中，岩浆本身及其对围岩所产生的一系列变化。岩浆是地下深处主要由硅酸盐组成的高温熔融体，并在巨大的压力驱使下向地壳的薄弱地带运移，在其运移过程中，由于物理、化学条件的变化，除岩浆自身发生变化外，还对围岩产生机械挤压并使围岩的物质成分和物理性状发生改变。从岩浆侵入到围岩（未喷出地表）并冷凝结晶形成岩石的全过程，称为侵入作用，形成的岩石称侵入岩。当岩浆喷出地表，在地表的条件下冷凝形成岩石并使地表形态发生变化的过程称火山作用（喷出作用），形成的岩石称火山岩（喷出岩）。

变质作用是指在地下特定的地质环境中，由于物理、化学条件的改变，使原来的岩石（包括沉积岩、岩浆岩及变质岩）基本上在固体状态下发生物质成分与结构、构造变化，从而形成新的岩石的地质作用。新形成的岩石称为变质岩。变质作用通常是在地表以下较高的温度和压力条件下进行的，并且常常有化学活动性流体的参与。

构造运动是指主要由地球内部能量引起的地壳或岩石圈物质的机械运动。常以岩石变形、变位、地表形态变化等形式表现出来。按运动方向可分为水平运动和垂直运动。水平运动是指组成地壳的物质发生沿地球切线方向的运动。水平运动主要引起地壳的拉张、挤压、平移或旋转等，有时可使岩石发生强烈变形和变位，形成高大的褶皱山系。垂直运动是指地壳物质沿地球半径方向作上升和下降的运动。它可以造成地表地势高差的改变，引起海陆变迁等。岩石圈的大规模构造运动常常表现为岩石圈的一些大型板块的相互作用与相对运动。一般情况下，构造运动缓慢不易被人察觉。特殊情况下，构造运动剧烈而迅速，表现为地震（图7-2），由此还可能引起山崩、海啸等。

▲ 图7-2 地震后的裂缝

——地学知识窗——

地 震

地震是构造运动的一种表现形式，是地壳的一种快速运动。当地表下的岩石受力产生变形，在变形的过程中，机械能就不断地累积，当积累到一定的限度时（岩石的破裂极限），岩石就会发生破裂，在破裂的同时，大量的机械能就会释放出来，地壳受到猛烈冲击而发生震动，从而产生地震。

外动力地质作用

外动力地质作用是指主要由地球外部的能量引起的、发生在地球表层的地质作用（又称外力地质作用）。地球以外的太阳辐射能和日月引力能等促使了地球外部圈层——大气圈、水圈、生物圈的运动与循环，使它们成为改造地壳表面或表层的直接动力（即地质营力）。同时，在地球外部圈层的运动过程中，地球内部的重力能与旋转能等也起着重要作用。地质营力总是通过一定的介质来起作用的。外动力地质作用的地质营力按介质的物理状态分为3种情况：介质为液态（即水）的营力主要有地面流水、地下水、湖泊和海洋；介质为固态的营力主要有冰川；介质为气态的营力主要为大气和风。所以，由这些营力在表层产生的作用分别称为地面流水的地质作用、地下水的地质作用、海洋的

地质作用、湖泊的地质作用、冰川的地质作用及风的地质作用等。虽然外动力地质作用的营力有多种类型，介质条件差异甚大，地质作用的特点也各不相同，但每种营力一般都按照风化作用、剥蚀作用、搬运作用、沉积作用和成岩作用这样的过程进行。这几种作用既代表了外动力地质作用的序列，也是外动力地质作用的主要类型。

风化作用是指在地表或近地表环境下，由于气温、大气、水及生物等因素作用，使地壳或岩石圈的岩石、矿物在原地遭受分解和破坏的地质作用。风化作用使地表岩石变得松软，为剥蚀作用创造条件，是表层作用的前导。根据风化作用的因素和性质分为物理风化作用、化学风化作用和生物风化作用三种。物理风化作用是指温度的变化以及岩石空隙中水和盐分

的物态变化，使地壳表层的岩石、矿物在原地发生机械破碎而不改变其成分的过程（图7-3）；化学风化作用是指氧和水溶液使地壳表层的岩石、矿物在原

地发生化学变化并产生新矿物的过程；生物风化作用是指生物的生命活动及其分解或分泌的物质对岩石、矿物的破坏作用。

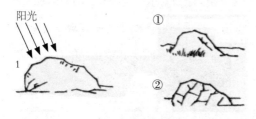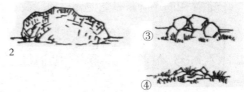

🔺 图7-3　温度变化导致岩石机械破碎的过程

剝蚀作用是指各种地质营力（如风、水、冰川等）在其运动过程中对地表岩石产生破坏并将破坏物剥离原地的作用。剥蚀作用不断破坏和剥离地表物质，使地表形态发生改变，形成新的地形。剥蚀作用按方式可分为机械剥蚀作用、化学剥蚀作用和生物剥蚀作用。按地质营力类型又可分为地面流水、地下水、海洋、湖泊、冰川及风的剥蚀作用等（图7-4）。

搬运作用是指经风化作用、剥蚀作用剥离下来的物质，随运动介质从一地搬运到另一地的作用。搬运作用与剥蚀作用是紧密联系在一起的，物质剥离原地的同时也是其进入搬运状态的时刻。搬运作用有机械、化学和生物搬运3种方式。不同营力（地面流水、地下水、海洋、冰川、风

🔺 图7-4　海洋及风的剥蚀作用

等）搬运作用的方式、特点也不尽相同，搬运作用是一个中间过程。

沉积作用是指各种营力搬运的物质，当介质动能减小或物化条件发生改变以及有生物作用时，在新的场所堆积下来的作用。沉积作用的场所常是能使介质动能减小或物化条件变化的地方，如山坡脚、冲沟口、河口区、海洋等。沉积作用也有机

械、化学和生物沉积作用3种方式。按营力又可分为地面流水、地下水、海洋、湖泊、冰川和风的沉积作用（图7-5）。

成岩作用是指使松散沉积物固结形成沉积岩的作用。经沉积作用形成的沉积物，在适当的条件下（如埋藏一定的深度），经胶结、压实和重结晶的作用，就可固结成岩石。

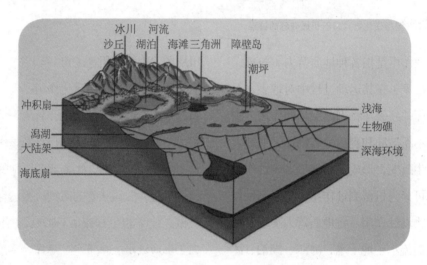

△ 图7-5　陆地和海洋的沉积作用和沉积类型（2012，林景星等）

Part 8 地球的资源

地球资源主要是指地球及相关系统中的自然资源，自然资源是人类从自然界直接获得的各种用于生活和生产的物质。除了太阳能以外，我们所依赖的全部自然资源都取自于地球。地球资源的总量是有限的，绝大多数资源是不可再生的。地球资源的种类很多，其中最主要的有土地资源、水资源、气候资源、矿产资源、能源资源和生物资源。

土地资源

土地资源的概念及分类

土地资源是地球陆地的表面部分，包括耕地、森林、草原、沙漠等。土地是生命成长的温床。

土地资源有广义和狭义之分。广义的土地资源认为当今世界上的各类土地（包括南极、高山等这些人们涉足极少的地区）对人类社会经济的发展都有一定的社会效益、经济效益和环境效益，因此均在土地资源之列。狭义的土地资源则是指在一定的技术经济条件下，能直接为人类生产和生活所利用，并能产生效益的土地。土地资源是自然资源的基础，也是自然资源的组成部分，是人类从事一切活动的基地，它不仅具有自然特性也具有经济特性，土地资源的特性包括面积的有限性、位置的固定性、质量的动态性、利用的永续性、用途的多宜性与多用性、不可代替性及社会性等。根据土地的利用情况，可以把土地资源分为耕地、林地、草地、湿地、建筑用地和未利用土地。

耕地（图8-1）是指用于种植农作物的土地。包括熟耕地、新开垦耕地、休闲地、轮歇地、草田轮作地，以种植农作物为主，间有零星果木的土地，已垦滩地和海涂以及耕地中的沟、渠、路、埂等。

草地（图8-2）是指生长草本和灌木植物为主并适宜发展畜牧业生产的土地。它具有特有的生态系统，是一种可更新的自然资源。

林地（图8-3）是指成片的天然林、次生林和人工林覆盖的土地，包括用材林、经济林、薪炭林和防护林等各种林木的成林、幼林和苗圃等所占用的土地。

湿地（图8-4）指天然或人工形成的沼泽地等带有静止或流动水体的成片浅水区，还包括在低潮时水深不超过6米的水域。湿地与森林、海洋并称全球三大生态系统，在世界各地分布广泛。湿地生态系统中生存着大量动植物，很多湿地被列为自然保护区，湿地有"地球之肾"之称。

建设用地是指建造建筑物、构筑物的

土地，包括城乡住宅和公共设施用地，工矿用地，能源、交通、水利、通信等基础设施用地，旅游用地，军事用地等。

未利用土地是指还未利用的土地，包括难利用的土地。未利用土地一般需要治理才能利用或可持续利用，主要包括荒草地、盐碱地、沼泽地、沙地、裸土地、裸岩石砾地、田坎等。

△ 图8-1 耕地

△ 图8-2 草地

△ 图8-3 林地

△ 图8-4 湿地

——地学知识窗——

湿地——地球之肾

湿地中有许多挺水、浮水和沉水植物,它们能够在自身组织中富集金属及一些有害物质。如同肾能够帮助人体排泄废物，维持新陈代谢一样，湿地中的很多植物还能参与解毒过程,对污染物质进行吸收、代谢、分解、积累起到水体净化、降解环境污染的作用。因此人们将湿地形象地比喻为"地球之肾"。

土地资源的分布

土地资源的面积主要指陆地面积。2010年世界陆地面积约为14 894万平方千米，占地球表面的29.2%，2/3陆地在北半球，1/3在南半球。各大洲中除南极洲外，面积最大的是亚洲，其次是非洲。在各国中，国土面积最大的是俄罗斯，其次是加拿大，中国国土面积居世界第三位。

由于世界土地资源分布于全球不同位置，加之其组成的复杂性和地区的特殊性，因此土地资源状况十分复杂（图8-5）。但随着世界人口的增多和经济的发展，全球的可利用的耕地、林地、草地的数量在不断减少，土壤盐渍化、水土流失、土地污染及退化都直接导致了土地质量的下降。

中国国土辽阔，土地资源总量丰富，而且土地利用类型齐全，这为中国因地制宜全面发展农、林、牧、副、渔业生产提供了有利条件。但是，中国人均土地资源占有量小，而且各类土地所占的比例不尽合理，主要是耕地、林地少、难利用土地多，后备土地资源不足，特别是人与耕地的矛盾尤为突出。

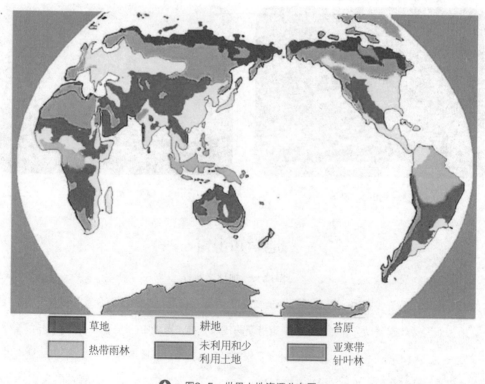

草地　　耕地　　苔原
热带雨林　　未利用和少利用土地　　亚寒带针叶林

图8-5　世界土地资源分布图

水资源

水资源的概念及分类

水是生命之源。不仅如此,水还是一种极其重要的自然资源,它哺育了众多古老的人类文明,同时也是现代工业文明不可或缺的血液。

地球上的水资源有广义和狭义之分。广义水资源是指自然界中以固态、液态和气态形式广泛存在于地球表面和地球岩石圈、大气圈、生物圈中的水,是包括海水在内的地球水量的总体。狭义水资源就是在水循环中,富集于江河、湖泊、冰川和埋藏在地下较浅的含水层中的水,它来源于大气降水,可以通过水循环逐年得到补充和更新,易于为人类所用(图8-6),包括地表水和地下水。我们平时所说的水资源一般是狭义水资源。

地表水一般是指坡面流和壤中流,即地表水体的动态部分,如河流、冰川、湖泊、沼泽等水体。

地下水是贮存于包气带以下地层空隙,包括岩石孔隙、裂隙和溶洞之中的水,为地下汇水的动态水量。

▲ 图8-6 被人类利用的水资源

水资源的分布

水是地球上最丰富的一种化合物。全球约有四分之三的面积覆盖着水（图8-7），地球上的水总体积约 $1\ 386 \times 10^{18}$ 立方米，其中海洋水为 $1\ 338 \times 10^{18}$ 立方米，约占全球总水量的96.5％。在余下的水量中地表水占1.78％，地下水占1.69％。人类主要利用的淡水约 3.5×10^{17} 立方米，在全球总储水量中只占2.53％。它们少部分分布在湖泊、河流、土壤和地表以下浅层地下水中，大部分则以冰川、永久积雪和多年冻土的形式储存。其中，冰川储水量约 2.4×10^{18} 立方米，约占世界淡水总量的69％，大都储存在南极和格陵兰地区。目前，海水淡化技术还未成熟、普及，同时在地球上的淡水资源中，分布在南北两极地区的固体冰川及冻土水是目前人类尚不能利用的；此外，在地下淡水中，由于它们非常分散，而且绝大部分埋藏较深；因此，只有很少部分浅层水可供人类利用。目前人类较易利用的淡水资源仅占全球淡水总量的0.3％，是全球总储水量的十万分之七。

全球淡水资源不仅短缺，而且地区分布极不平衡。按地区分布，巴西、俄罗斯、加拿大、中国、美国、印度尼西亚、印度、哥伦比亚和刚果9个国家的淡水资源占世界淡水资源的60％，而约占世界人口总数40％的80个国家和地区的人口面临淡水不足，其中26个国家的3亿人口完全生活在缺水状态。预计到2025年，全世界将有30亿人口缺水，涉及的国家和地区达40多个。

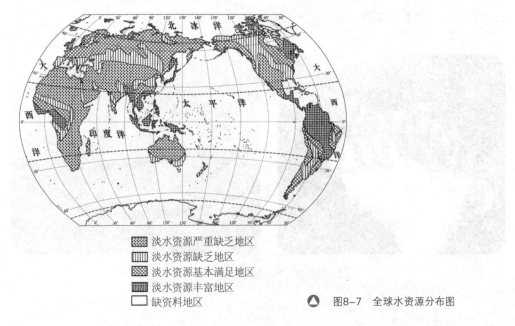

淡水资源严重缺乏地区
淡水资源缺乏地区
淡水资源基本满足地区
淡水资源丰富地区
缺资料地区

图8-7　全球水资源分布图

气候资源

气候资源的概念及分类

气候资源是指广泛存在于大气圈中的光照、热量、降水、风能等可以为人们直接或间接利用，能够形成财富，具有使用价值的自然物质和能量，是一种十分宝贵的可以再生的自然资源，它是人类社会赖以生存和发展的基本条件，已被广泛用于国计民生的方方面面。气候资源作为可再生资源，是未来人们开发利用的理想资源，只要保护好这种资源，就可以取之不尽、用之不竭。

气候资源是由多种要素组成的综合资源，它各组成部分按不同角度，可有不同分类方法。按要素分类是气候资源最基本的分类方法，它将气候资源划分为光能资源、热量资源、降水资源以及气象资源（太阳能、风能）。

光能资源又称太阳辐射资源，主要是指被地表吸收的太阳辐射。它包括三部分：光量、光质和光时，在它们的作用下，产生三种植物效应：光合效应、光形态效应和光周期效应。

热量资源是气候资源的最基本组成要素，通常以各种温度指标来表示，进行农业气候资源分析时，通常将界限温度期间的积温、最冷月均温、最热月均温、无霜期等作为衡量热量资源的主要指标。其中，积温是反映热量资源的重要指标。我国积温的分布与地理纬度和海拔高度是反相关的。地理纬度越高，海拔高度越大，积温越低。

——地学知识窗——

积 温

一年内日平均气温大于等于10℃持续期间日平均气温的总和，即活动温度总和，简称积温。积温是研究温度与生物有机体发育速度之间关系的一种指标，从强度和作用时间两个方面表示温度对生物有机体生长发育的影响，是评价农业气候资源最重要、最普遍的指标，也是评价热量资源的基础。一般以（度·日）为单位。

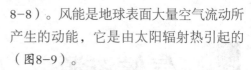

降水资源，一个地区的水资源包括大气降水、地表水、土壤水和地下水四部分。大气降水是陆地上水资源的根本来源。大气降水量的多少及时空分布，往往决定区域的干湿程度，也影响到河流流量、湖泊和水库水量的多少，从而直接或间接影响到工农业供水状况，制约区域的生产发展。

气象资源，一个正快速传播的新名词。刮风下雨、阳光灿烂不仅是自然现象，而且还蕴含着丰富的风能、太阳能等清洁能源。气象资源主要包括太阳能和风能。太阳能是指太阳的热辐射能，在现代一般用作发电或者为热水器提供能源（图8-8）。风能是地球表面大量空气流动所产生的动能，它是由太阳辐射热引起的（图8-9）。

气候资源的特点

气候资源的特点主要包括其地理分布的普遍性和不均衡量性，随时间变化性和循环再生性，气候要素的整体性和不可取代性，功能的非线性、聚集性、潜在性、可影响性、可调整性、共享性和有限性。我国气候资源丰富，从资源数量的多寡来看，我国光、热、降水资源同其他国家相比都较丰富，雨热同季对农业生产有利，但是我国气候复杂多样，区域性强，极端气候事件发生的频次与强度的在不断增加。

▲ 图8-8　光能发电

▲ 图8-9　风能发电

矿产资源

矿产资源的概念及分类

矿产资源是指赋存于地下或地表，由地质作用形成的呈固态、液态和气态的具有现实或经济价值的天然富集物。矿产资源是地球赋予人类的宝贵财富，是人类社会赖以生存和发展的基础和前提。

矿产资源根据其特性及主要用途，分为能源矿产、金属矿产、非金属矿产和水气矿产。

能源矿产是指具有提供现实意义或潜在意义能源价值的矿产资源。中国已发现的能源矿产资源有12种，固态的有煤（图8-10）、石煤、油页岩、铀、钍、油砂、天然沥青；液态的有石油；气态的有天然气、煤层气、页岩气。地热资源有

呈液态的也有呈气态的。

金属矿产是指经冶炼可以从中提取金属元素及其化合物的矿产资源。根据金属元素的性质和用途将其分为黑色金属矿产，如铁矿（图8-11）和锰矿；有色金属矿产，如铜矿（图8-12）和锌矿；轻金属矿产，如铝镁矿；贵金属矿产，如金矿（图8-13）和银矿；稀有金属矿产，如锂矿和铍矿；稀土金属矿产；分散金属矿产等。中国金属矿产资源品种齐全，储量丰富，分布广泛，已探明储量的矿产有54种。

非金属矿产是指一切不具备金属特性，可利用其特有的物理性质、化学性质和工艺特性来为人类的经济活动所使用的矿产资源。中国已发现的非金属矿产种类95种，加上亚类共计176种。依据工业用途可分为：冶金辅助原料矿产资源，如菱镁矿、萤石等；化工及化肥原料非金属

▲ 图8-10 煤

▲ 图8-11 赤铁矿

▲ 图8-12 斑铜矿

▲ 图8-13 自然金

93

矿产资源，如硫（图8-14）、磷、钾盐等；特种非金属矿产资源，如压电水晶、冰洲石（图8-15）、光学萤石等；建筑材料及其他非金属矿产资源，如水泥原料、石棉、宝石（图8-16）、玉石等。

水气矿产包括地下水、矿泉水、气体二氧化碳、气体硫化氢、氦气和氡气6个矿种。

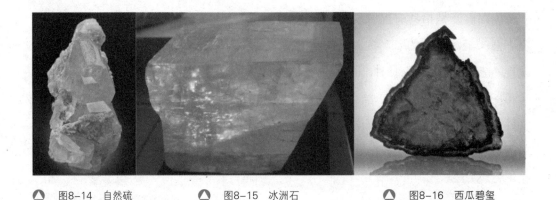

图8-14 自然硫　　图8-15 冰洲石　　图8-16 西瓜碧玺

矿产资源的特点与分布

矿产资源作为天然的生产要素本身所固有的以及作为人类社会经济系统有机组成部分，在社会经济活动中所展示的基本特性有很多，包括矿产资源的不可再生性、综合性、分布不均匀性、隐蔽性及成分复杂多变性等。

世界矿产资源的分布很不平衡，主要集中在少数国家和地区，这与各国各地区的地质构造、成矿条件、经济水平、技术水平、开发能力等密切相关。矿产资源最丰富的国家有：美国、中国、俄罗斯、加拿大、澳大利亚、南非等；较丰富的国家有：巴西、印度、墨西哥、秘鲁、智利、赞比亚、扎伊尔、摩洛哥等。我国矿产资源总量丰富、品种齐全，但人均占有量少。中国矿产资源中石油、天然气主要分布在东北、华北和西北；煤主要分布在华北和西北；铁主要分布在东北、华北和西南；铜主要分布在西南、西北、华东；铅锌矿遍布全国；钨、锡、钼、锑、稀土矿主要分布在华南、华北。

能源资源

能源资源的概念和分类

能源资源是指为人类提供能量的天然物质。它包括前述的能源矿产、水能，也包括太阳能、风能、生物质能、地热能、海洋能、核能等新能源。能源资源是一种综合的自然资源。纵观社会发展史，人类经历了柴草能源时期、煤炭能源时期和石油天然气能源时期，目前正向新能源时期过渡，并且无数学者仍在不懈地为社会进步寻找开发更新更安全的能源，可以相信能源的多元时代即将来临。

按其形态、特性或转换和利用的层次进行分类。世界能源委员会推介分类：固体燃料、液体燃料、气体燃料、水能、核能、电能、太阳能、生物质能、风能、海洋能和地热能。

按形成，可分为从自然界直接取得且不改变其基本形态的一次能源或初级能源，如煤炭、石油、天然气、太阳能、风能、水能、生物质能、地热能等；经过自然的或人工的加工转换成另一形态的二次能源，如电能、汽油、柴油、酒精、煤气、热水氢能等。

按能否再生，可分为能够不断得到补充供使用的可再生能源，如风能；需经漫长的地质年代才能形成而无法在短期内再生的不可再生能源，如煤、石油等。

能源资源的特点

全球能源发展经历了从薪柴时代到煤炭时代，再到油气时代、电气时代的演变过程。目前，世界能源仍以化石能源为主，化石能源有力支撑了经济社会的快速发展。为适应未来能源发展的需要，水能、风能、太阳能等清洁能源正在加快开发和利用。在保障世界能源供应、促进能源清洁发展中，清洁能源将发挥越来越重要的作用。长期以来，世界能源消费总量持续增长，能源结构不断调整。特别是近20年，世界能源发生了深刻变革，总体上形成煤炭、石油、天然气三分天下，清洁能源快速发展的新格局。

各类能源具有不同的优点与缺点（表8-1）。我国能源资源有三个特点：①水能、煤炭资源较丰富，油、气贫乏。我国的水能资源总量和经济可开发量均居世界第一，煤炭远景储量和可开采储量均居世界第二。石油和天然气资源比较贫乏，分列世界第10位和第22位。总体上我国今后的电源结构仍将以煤电和水电为主，并适度发展核电。发展特高压电网有利于大煤电基地、大水电基地和大型核电站群的开发及电力外送。②人均能源资源相对贫乏，仅为世界平均水平的40%。要为我国经济持续健康发展提供较强的能源支撑，必须在提高能源使用效率的同时，进一步加强能源开发，积极利用国外资源。发展特高压电网有利于加强与周边国家的能源合作。③能源资源和生产力发展呈逆向分布，能源丰富地区远离经济发达地区。我国三分之二以上的经济可开发的水能资源分布在四川、西藏、云南，三分之二以上的煤炭资源分布在山西、陕西和内蒙古。东部地区经济发达，能源消费量大，能源资源却十分匮乏。因此，发展特高压电网有利于实现电能的大规模和远距离输送，有利于促进建设国家级电力市场，实现更大范围的资源优化配置。

表8-1   能源资源的优缺点对比

可再生资源		
能源	优点	缺点
太阳能	用之不竭，污染小	太阳光照射不稳定，太阳能发电厂成本昂贵
风能	用之不竭，成本低，污染极小	涡轮噪音大，受地域影响
水能	对水和空气污染小	受地域限制，水坝会影响生态环境
地热能	用之不竭，成本低	受地域限制，对空气和水轻度污染
海洋能	用之不竭，空气污染低，土地干扰少	适当位置少，造价高，能源输出不稳定，破坏正常潮汐，可能会影响河口水生生物
生物质能	分布广、储量大、环保	热值及热效率低
不可再生资源		
煤炭	容易获得，成本低	易造成空气和水的污染
石油	使用便宜，容易运输	会造成空气污染，油泄露会污染土壤和水
天然气	污染很小	储量有限
核能	不会造成大气污染	建造反应堆成本昂贵，核废料处理是问题，有发生核事故的危险

生物资源

生物资源的概念及分类

生物资源是自然资源的有机组成部分，是指生物圈中对人类具有一定经济价值的动物、植物、微生物有机体以及由它们所组成的生物群落。自然界中存在的生物种类繁多、形态各异、结构千差万别，分布极其广泛，对环境的适应能力强，如平原、丘陵、高山、高原、草原、荒漠、淡水、海洋等都有生物的分布。

生物资源包括动物资源、植物资源和微生物资源三大类。

动物资源（图8-17）是在目前的社会经济技术条件下人类可以利用与可能利用的动物，包括陆地、湖泊、海洋中的一般动物和一些珍稀濒危动物。动物资源既为人类提供了所需的优良蛋白质，还为人类提供皮毛、畜力、纤维素和特种药品，在人类生活、工业、农业和医药上具有广泛的用途。动物是生物圈中最大的界，估计地球上可能超过三千万种。

植物（图8-18）是能进行光合作用，将无机物转化为有机物，独立生活的一类自养型生物。在自然界中，目前已经被人们知道的植物大约有40万种，它们遍布于地球的各个角落，以各种奇特的方式自己养活着自己。植物资源按用途可分为食用、药用、工业用、保护改造环境用和种植资源五大类。

微生物（图8-19）是一切肉眼看不见或看不清楚的微小生物的总称。它们是一些个体微小、构造简单的低等生物，大多为单细胞，少数为多细胞，还包括一些没有细胞结构的生物。微生物虽小，但它们和人类的关系非常密切。有些对人类有益，是人类生活中不可缺少的伙伴；有些对人类有害，对人类生存构成了威胁；有的虽然和人类没有直接的利害关系，但在生物圈的物质循环和能流中具有关键作用。微生物王国里的"臣民"分属于细菌、放线菌、真菌、病毒、类病毒、立克次氏体、衣原体、支原体等几个代表性家族。此外，单细胞藻类植物和原生动物等个体非常小的生物体也被归入微生物中。

▲ 图8-17　动物

▲ 图8-18　植物

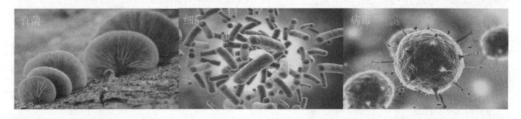

▲ 图8-19　微生物

生物资源的特点和分布

生物资源具有可再生性、可解体性、用途的多样性、分布的区域性、未知性、获取的时间性、可引种驯化性、不可逆性、稳定性和变动性等特性。生物多样性的丰富程度通常以某地区的物种数来表达，全世界有500万~5 000万个物种，但实际上在科学上描述的仅140万种。生物多样性并不是均匀地分布于全世界168个国家；全球生物多样性主要分布在热带森林，仅占全球陆地面积7%的热带森林容纳了全世界半数以上的物种。

中国是地球上生物多样性最丰富的国家之一，并且在北半球国家中无疑是生物多样性最为丰富的国家。中国的生物多样性概括起来有下列特点：物种高度丰富，特有属、种繁多，其中我国高等植物中特有种最多，区系起源古老，栽培植物、家养动物及其野生亲缘的种质资源异常丰富，生态系统丰富多彩，空间格局繁复多样。

珍爱地球

　　地球，是宇宙的奇迹，生命的摇篮，人类共同的家园。她给人类提供了生存的空间和资源，使人类在这里生息繁衍。但人类的活动却对地球造成了严重的破坏。生物赖以生存的森林、湖泊、湿地等正以惊人的速度消失；煤炭、石油、天然气等不可再生能源因过度开采而面临枯竭；能源燃烧排放的大量温室气体导致全球气候变暖，由此引发的极地冰盖融化、海平面上升等问题威胁到人类的生存发展……保护地球资源环境、寻求可持续发展模式刻不容缓。

地球的伤痕

尽管人类在改造大自然方面已取得了不少成绩，但是人类频繁的活动已使今日的地球失去了原有的艳丽姿色，变得伤痕累累（图9-1）。地球的环境问题已对人类造成严重威胁，环境问题已无国界和地域之分，环境污染的后果将由全体人类共同负担。当今世界正面临着以下十大环境问题：

臭氧层破坏

全球变暖

生物多样性锐减

土地荒漠化

森林减少

大气污染

海洋污染

水体污染

固体废弃物污染

酸雨侵蚀

图9-1 "受伤"的地球

全球气候变暖

由于人口的增加和人类生产活动规模的越来越大，向大气释放的二氧化碳（CO_2）、甲烷（CH_4）、一氧化二氮（N_2O）、氯氟碳化合物（CFCs）、四氯化碳（CCl_4）、一氧化碳（CO）等温室气体不断增加，这些温室气体对来自太阳辐射的可见光具有高度透过性，对地球发射出来的长波辐射具有高度吸收性，能强烈吸收地面辐射中的红外线，导致地球温度上升，即温室效应。而当温室效应不断积累，导致地气系统吸收与发射的能量不平衡，能量不断地在地气系统累积，从而导致温度上升，造成

全球气候变暖
green house effect

图9-2　全球气候变暖

全球气候变暖这一现象。

全球变暖会导致全球降水量重新分配、冰川和冻土消融（图9-2）、海平面上升等严重后果，不仅危害自然生态系统的平衡，还威胁人类的生存。另外，由于陆地温室气体排放造成大陆气温升高，与海洋温差变小，近而造成了空气流动减慢，雾霾无法短时间被吹散，致使很多城市雾霾天气增多，严重影响人类健康。

臭氧层的破坏

在离地球表面10～50千米的大气平流层中集中了地球上90%的臭氧气体，在离地面25千米处臭氧浓度最大，形成了厚度约为3毫米的臭氧集中层，称为臭氧层。臭氧层能吸收太阳的紫外线，保护地球上的生命免遭过量紫外线的伤害，并能将能量贮存在上层大气，起到调节气候的作用。

臭氧层是一个很脆弱的大气层，人类活动产生的氯氟烃（如氟利昂）和含溴卤代烷烃（哈龙）等气体与臭氧发生化学作用，使得臭氧层减少并遭到破坏。臭氧层被破坏，将使地面受到紫外线辐射的强度增加，给地球上的生命带来很大的危害。研究表明，紫外线辐射能破坏生物蛋白质和基因物质脱氧核糖核酸，造成细胞

死亡；使人类皮肤癌发病率增高；伤害眼睛，导致白内障而使眼睛失明；抑制植物如大豆、瓜类、蔬菜等的生长，并穿透10米深的水层，杀死浮游生物和微生物，从而危及水中生物的食物链和自由氧的来源，影响生态平衡和水体的自净能力。

生物多样性减少

生物多样性是指在一定时间和一定地区所有生物（动物、植物、微生物）物种及其遗传变异和生态系统的复杂性总称。它包括遗传（基因）多样性、物种多样性、生态系统多样性和景观生物多样性四个层次。

漫长的生物进化过程中会产生一些新的物种，同时，随着生态环境条件的变化，也会使一些物种消失（图9-3）。所以说，生物多样性是在不断变化的。近百年来，由于人口的急剧增加和人类对资源的不合理开发，加之环境污染等原因，地球上的各种生物及其生态系统都受到了极大的冲击，生物多样性也受到了很大的损害。有关学者估计，世界上每年至少有5万种生物物种灭绝，平均每天灭绝的物种达140个，到21世纪初，全世界野生生物的损失可达其总数的15%～30%。在中国，由于人口增长和经济发展的压力，对生物资源的不合理利用和破坏使得生物多样性急剧减少，大约已有200个物种灭绝；估计约有5 000种植物已处于濒危状态，这些约占中国高等植物总数的20%；大约还有398种脊椎动物也处在濒危状态，约占中国脊椎动物总数的7.7%。因此，保护和拯救生物多样性以及这些生物赖以生存的生活条件，是摆在我们面前的重要任务。

酸雨蔓延

酸雨正式的名称是为酸性沉降，是指pH小于5.6的雨、雪、雾、雹等大气降水。它可分为"湿沉降"与"干沉降"两大类，前者指的是所有气状污染物或粒状污染物随着雨、雪、雾或雹等降水形态而落到地面，后者是指在不降雨的日子，从空中降下来的灰尘所带的一些酸性物质。酸雨是人类活动造成的，大气中的工业污染物二氧化硫、氮氧化物等酸性氧化物是酸雨之源。在煤和石油燃烧、金属冶炼中

▲ 图9-3　消失的渡渡鸟

形成的酸性氧化物通过与云中的水作用，最终演变为酸雨降落到地面。由于大气流动没有国界，此地空气污染物质排放可能使彼地的无辜者受害，这就使得全球都笼罩在酸雨蔓延的威胁中。

酸雨在世界上的危害日益严重。以森林湖泊众多著称的瑞典有15 000个湖泊酸化。在意大利北部，有9 000多公顷的森林毁于酸雨。据普查统计，我国有22个省、自治区、直辖市遭遇了酸雨，遭遇酸雨的面积占国土面积的6.8%。目前，酸雨主要在我国南方地区肆虐。重庆、自贡、贵阳、柳州、南宁等城市受害最深，酸雨使得这些地方的水稻、小麦死苗，土壤酸化、肥力减退，土壤中有害重金属活力增加。酸雨对建筑也会产生侵蚀（图9-4）。

森林锐减

森林资源是地球上最重要的资源之一，是生物多样化的基础，它不仅能够为人类生产和生活提供多种宝贵的木材和原材料，还能够为人类经济生活提供多种物品，更重要的是森林能够调节气候，保持水土，防止和减轻旱涝、风沙、冰雹等自然灾害；还有净化空气、消除噪音等功能；同时，森林还是天然的动植物园，哺育着各种飞禽走兽，生长着多种珍贵林木和药材。森林可以更新，属于再生的自然资源，也是一种无形的环境资源和潜在的"绿色能源"。

但近年来，随着工业发展和人口增加，再加上不合理的利用，森林资源锐减（图9-5）。森林曾占陆地面积的三分之二，达7 600万平方千米，而到1992年，地球的森林面积减少到3 500万平方千米。进入21世纪，随着人口的激增，到2005年，森林面积已减少到1 600万平方

大理石雕像60年的变化（德国）

图9-4 酸雨侵蚀

图9-5 过度樵采

千米，森林覆盖率约为20％。据世界观察研究所1999年初发表的一份报告透露，世界森林正在以每年1 600万公顷的速度消亡，差不多是一个英国或半个德国的面积。换算成小时计算竟达到了惊人的1 214.058万平方米每小时。迄今，森林已消失了一半。如果森林继续按这个速度消失，总有一天地球会被砍成"光头"。

土地荒漠化

土地荒漠化简单地说就是指土地退化。1992年联合国环境与发展大会对荒漠化的概念作了这样的定义："荒漠化是由于气候变化和人类不合理的经济活动等因素，使干旱、半干旱和具有干旱灾害的半湿润地区的土地发生了退化。"土地荒漠

▲ 图9-6 沙尘暴

化的最终结果大多是沙漠化。全球陆地面积占60％，其中沙漠和沙漠化土地面积占29％。每年约有6万平方千米的土地变成沙漠。经济损失大概每年423亿美元。全球共有干旱、半干旱土地5 000万平方千米，其中三分之二遭到荒漠化威胁。致使每年有6万平方千米的农田、9万平方千米的牧区失去生产力。人类文明的摇篮底格里斯河、幼发拉底河流域，已由沃土变成荒漠。中国的黄河流域，水土流失亦十分严重。

在人类当今诸多的环境问题中，荒漠化是最为严重的灾难之一。对于受荒漠化威胁的人们来说，荒漠化意味着他们将失去最基本的生存基础——有生产能力的土地，同时土地的沙化又给大风起沙制造了物质源泉，因此我国北方地区沙尘暴发生越来越频繁，且强度大，范围广（图9-6）。毛乌素沙地地处内蒙古、陕西、宁夏交界，面积约4万平方千米，40年间流沙面积增加了47％，林地面积减少了76.4％，草地面积减少了17％。浑善达克沙地南部由于过度放牧和砍柴，短短9年间流沙面积增加了98.3％，草地面积减少了28.6％。此外，甘肃民勤绿洲的萎缩，新疆塔里木河下游胡杨林和红柳林的消亡，内蒙古阿拉善地区草场退化、梭梭林

消失……一系列严峻的事实，都向我们敲响了警钟。

大气污染

正常的大气中主要含对植物生长有好处的氮气（占78%）和人体、动物需要的氧气（占21%），还含有少量的二氧化碳（0.03%）和其他气体。所谓大气污染就是指当本不属于大气成分的气体或物质，如硫化物、氮氧化物、粉尘、有机物等进入大气之后，发生了大气污染（图9-7）。大气污染主要由人的活动造成，包括自然因素（如森林火灾、火山爆发等）和人为因素（如工业废气、生活燃煤、汽车尾气、核爆炸等）两种，且以后者为主，尤其是由工业生产和交通运输所造成的。主要过程由污染源排放、大气传播、人与物受害这三个环节所构成。

大气污染对人体的危害主要表现为呼吸道疾病；对植物可使其生理机制受压抑，成长不良，抗病虫能力减弱，甚至死亡；大气污染还能对气候产生不良影响，如降低能见度，减少太阳辐射（据资料表明，城市太阳辐射强度和紫外线强度要分别比农村减少10%～30%和10%～25%）从而导致城市佝偻病率增加。

水体污染

水是生命之源，水是地球上所有生命赖以生存的基础。从古至今，生命的存在仍然以水作为首要条件。没有水，一切生命创造的精彩都将都不复存在。但是，随着工业的发展、人口的增加、城市化的加剧和化肥、农药使用量的增加，作为生命之源的水已经受到了严重的污染（图9-8）。水体污染是指一定量的污水、废

▲ 图9-7 大气污染

▲ 图9-8 水污染

水、各种废弃物等污染物质进入水域，超出了水体的自净和纳污能力，从而导致水体及其底泥的物理、化学性质和生物群落组成发生不良变化，破坏了水中固有的生态系统和水体的功能，从而降低水体使用价值的现象。

目前，全世界每年约有4 200多亿立方米的污水排入江河湖海，污染了5.5万亿立方米的淡水，这相当于全球径流总量的14%以上。第四届世界水论坛提供的联合国水资源世界评估报告显示，全世界每天约有数百万吨垃圾倒进河流、湖泊和小溪，每升废水会污染8升淡水；所有流经亚洲城市的河流均被污染；美国40%的水资源流域被加工食品废料、金属、肥料和杀虫剂污染；欧洲55条河流中仅有5条水质勉强能用。联合国发布的资料表明：目前全球有11亿人缺乏安全饮用水，每年有500多万人死于与水有关的疾病。据联合国环境规划署预计，今天世界上将有1 200万人死于水污染和水资源短缺。如果人类不改变目前的消费方式，到2025年全球将有50亿人生活在用水难以完全满足的地区，其中25亿人将面临用水短缺。

海洋污染

海洋面积辽阔，储水量巨大，因而长期以来是地球上最稳定的生态系统。由陆地流入海洋的各种物质被海洋接纳，而海洋本身却没有发生显著的变化。然而近几十年，随着世界工业的发展，海洋的污染也日趋加重，局部海域环境发生了很大改变，并有继续扩展的趋势。

海洋的污染主要是发生在靠近大陆的海湾。由于密集的人口和工业，大量的废水和固体废物倾入海水，加上海岸曲折造成水流交换不畅，使得海水的温度、pH、含盐量、透明度、生物种类和数量等性状发生改变，对海洋的生态平衡构成危害。目前，海洋污染突出表现为石油污染（图9-9）、赤潮、有毒物质累积、塑料污染和核污染等几个方面；污染最严重的海域有波罗的海、地中海、东京湾、纽约湾、墨西哥湾等。就国家来说，沿海污染严重的是日本、美国、西欧诸国等。我国的渤海湾、黄海、东海和南海的污染状

▲ 图9-9 海上溢油

况也相当严重，虽然汞、镉、铅的浓度总体上尚在标准允许范围之内，但已有局部的超标区；石油和化学需氧量（COD）在各海域中有超标现象。其中污染最严重的渤海，由于污染已造成渔场外迁、鱼群死亡、赤潮泛滥、有些滩涂养殖场荒废、一些珍贵的海生资源正在丧失。

由于海洋的特殊性，海洋污染与大气、陆地污染有很多不同，其突出的特点：一是污染源广，不仅人类在海洋的活动可以污染海洋，而且人类在陆地和其他活动方面所产生的污染物，也将通过江河径流、大气扩散和雨雪等降水形式，最终汇入海洋。二是持续性强，海洋是地球上地势最低的区域，不可能像大气和江河那样，通过一次暴雨或一个汛期，使污染物转移或消除；一旦污染物进入海洋后，很难再转移出去，不能溶解和不易分解的物质在海洋中越积越多，往往通过生物的浓缩作用和食物链传递，对人类造成潜在威胁。三是扩散范围广，全球海洋是相互连通的一个整体，一个海域污染了，往往会扩散到周边，甚至有的后期效应还会波及全球。四是防治难、危害大。海洋污染有很长的积累过程，不易及时发现，一旦形成污染，需要长期治理才能消除影响，且治理费用大，造成的危害会影响到各方面，特别是对人体产生的毒害，更是难以彻底清除干净。

固体废物污染

固体废物按来源大致可分为生活垃圾、一般工业固体废物和危险废物三种。此外，还有农业固体废物、建筑废料及弃土。固体废物如不妥善收集、利用和处理将会污染大气、水体和土壤，危害人体健康（图9-10）。

——地学知识窗——

赤 潮

赤潮又称红潮，国际上也称其为"有害藻类"或"红色幽灵"，是在特定的环境条件下，海水中某些浮游植物、原生动物或细菌爆发性增殖或高度聚集而引起水体变色的一种有害生态现象。

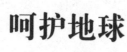 图9-10 固体废物污染

生活垃圾是指在人们日常生活中产生的废物，包括食物残渣、纸屑、灰土、包装物、废品等。一般工业固体废物包括粉煤灰、冶炼废渣、炉渣、尾矿、工业水处理污泥、煤矸石及工业粉尘。危险废物是指易燃、易爆、腐蚀性、传染性、放射性等有毒有害废物，除固态废物

外，半固态、液态废物在环境管理中通常也划入危险废物一类进行管理。

固体废物具有两重性，也就是说，在一定时间、地点，某些物品对用户不再有用或暂不需要而被丢弃，成为废物；但对另些用户或者在某种特定条件下，废物可能成为有用的甚至是必要的原料。固体废物污染防治正是利用这一特点，力求使固体废物减量化、资源化、无害化。对那些不可避免地产生和无法利用的固体废物需要进行合理处置。固体废弃物还有来源广、种类多、数量大、成分复杂的特点，因此防治工作的重点还包括按废物的不同特性分类收集运输和贮存，然后进行合理利用和处理处置。

呵护地球

人类是地球表层环境发展到一定阶段的产物，人类生活在地球表面，在地球表面发展演化，如果人类破坏了地球表层环境，也就破坏和动摇了其生存与发展的基础。人类只有合理、高效、有限度地利用自然资源，自觉、有效保护自然环境，协调和改善与地球表层环境的

关系，才能保证人类社会持续地、健康地发展。

摆正人类自身的位置

人类确实具有了改变和改造地球表层自然环境的能力。但是，如果人类毫不考虑地球表层环境发展、演变的客观规律，盲目地干扰与破坏经过长期演化发展而形

成的地球表层环境，那么将会破坏和动摇人类生存与发展的基础，人类的发展将受到极大的威胁。

所以，人类应该摆正自身的位置：

（1）人类是地球表层环境的产物，是地球表层系统的组成部分；

（2）地球表层环境是人类赖以生存的物质基础，没有了地球表层环境，人类也就失去了存在的基础；

（3）现在的人类，不再是以前的人类，人类能够改变并且已经在很大程度上改变了地球表层环境。

就人类对地球表层环境的改变度而言，有些改变对人类是有利的，有些改变对人类是不利的；有些改变，短期内对人类是有利的，但从长期看对人类是不利的。人类应该时刻检查自己的行为，对地球表层环境的改变应该控制在地球表层环境可以承受的范围之内。

加强环保教育

从整体和局部来看，国民素质的高低直接关系到生态环境的好坏。大量资料表明，受教育程度越低的国家或地区，通常生态环境被破坏频率越高，生态环境问题也越多。面对生态环境的持续发展这一社会性极强的问题，在生态环境脆弱区除发展经济外，更应加强民众教育，广泛、通俗、持之以恒地开展与环境相关的文化教育、法律宣传，在观念、心理上超前打造深深的生态文明价值烙印，培育本地化的亲生态人口，从而使民众自觉参与生态环境的保护。

建立和提高可持续发展的意识

人类需要持续地发展下去。可持续发展，已经成为当前世界发展的目标。所谓可持续发展，就是"既满足当代人的需要，又不损害后代人满足需要能力的发展"。

当代环境问题的全球化、综合化和社会化决定了环境问题的最终解决必须依赖于全人类的共同努力，环境与经济协调发展的艰巨性给人类留下了许多艰巨的任务。目前，全球经济和人类物质财富正以前所未有的速度在腾飞和发展，随之而来的是全球的环境问题也正以前所未有的复杂性和严重性困扰着人类。发达国家的深刻教训无时无刻不像长鸣的警钟在告诫全人类，为了避免重踏其"先污染、后治理"的老路，在新世纪我们必须走经济发展与环境相协调的可持续发展道路。

要实现可持续发展的目标，要使人类建立与提高可持续发展的意识。提倡清洁生产、高效资源利用、有节制的消费，控制人口，消除贫困，保持生态平衡，利用绿色能源，发展绿色科技，依法保证可持续发展目标的实现。

开发环保技术和促进环境保护产业

环保技术的进步有利于提高处理废水、废气、废渣等的能力。为改善全球环境，需要加大下列环保技术的研究：
（1）空气净化、污水处理、固体废物处理、资源的综合利用、环卫机械设备、噪声与振动控制、各种环境保护设备、环境标志产品、绿色产品、城市卫生垃圾处理技术与设备、土壤净化、土壤污染治理及生态修复技术、农业环保技术等；
（2）给排水技术与设备、水处理技术与设备、饮水、瓶装水、净水器材、水泵阀门、管道技术设备膜分离技术与装备等。

环境保护产业是为保护自然资源所进行的技术开发、产品生产、商业流通、资源利用、信息服务等活动的总称，主要包括环境保护机械设备制造、环境工程建设、自然保护开发经营和环境保护服务等

方面。

制定更多的国际性的环保公约

国际环境法的根本任务和最终目的是保护人类的生存环境，实现人类社会的可持续发展。国际环境法的实施主要靠各缔约国的自觉履行，但对那些针对全球主要环境问题所制定的环保公约，所有缔约国都具有义不容辞地履行条约的义务。目前，全球环境问题中最主要的公约有下列6个：《拉姆萨湿地公约》《联合国海洋法公约》《保护臭氧维也纳公约》《联合国气候变化框架公约》《生物多样性公约》和《联合国防治荒漠化公约》。这些国际公约为保护全球生态环境做出了巨大的贡献，参与国应遵守国际公约，国际社会应该制定更多与生态环境破坏有关的国际公约，以保护全球生态环境，使人类能更好地生存下去。

——地学知识窗——

世界地球日

世界地球日，即每年的4月22日，是一项世界性的环境保护活动。该活动最初是由美国的盖洛德·尼尔森和丹尼斯·海斯发起，随后影响越来越大。活动旨在唤起人类爱护地球、保护家园的意识，促进资源开发与环境保护的协调发展，进而改善地球的整体环境。我国从20世纪90年代起，每年都会在4月22日举办世界地球日活动。

参考文献

[1]汪新文. 地球科学概论[M]. 北京: 地质出版社, 1999.

[2]杨桥. 地球科学概论[M]. 北京: 石油工业出版社, 2004.

[3]乐昌硕. 岩石学[M]. 北京: 地质出版社, 1984.

[4]赵珊茸. 结晶学及矿物学[M]. 北京: 高等教育出版社, 2004.

[5]杜远生, 童金南. 古生物地史学概论[M]. 北京: 中国地质大学出版社, 2008.

[6]夏邦栋. 普通地质学[M]. 北京: 地质出版社, 1995.

[7]陶克菲, 殷玉婷. 地球在哀鸣—全球十大环境问题[J]. 环境教育, 2007, 4(4): 7-8.

[8]林景星, 施倪承. 地球与环境[M]. 北京: 地质出版社, 2012.